知
味

寻味历史

当诗唐遇上美食

吴健康

编著

北方联合出版传媒(集团)股份有限公司

万卷出版有限责任公司

ⓒ 吴健康　2024

图书在版编目（CIP）数据

当唐诗遇上美食 / 吴健康编著. — 沈阳：万卷出
版有限责任公司，2024.9. —（寻味历史）. — ISBN
978-7-5470-6563-1

Ⅰ. TS971；I207.227.42-49

中国国家版本馆CIP数据核字第202475M1R2号

出 品 人：王维良
出版发行：北方联合出版传媒（集团）股份有限公司
　　　　　万卷出版有限责任公司
　　　　　（地址：沈阳市和平区十一纬路29号　邮编：110003）
印 刷 者：辽宁新华印务有限公司
经 销 者：全国新华书店
幅面尺寸：145mm×210mm
字　　数：160千字
印　　张：9
出版时间：2024年9月第1版
印刷时间：2024年9月第1次印刷
责任编辑：邢茜文
责任校对：张　莹
装帧设计：马婧莎
ISBN 978-7-5470-6563-1
定　　价：39.80元
联系电话：024-23284090
传　　真：024-23284448

常年法律顾问：王　伟　版权所有　侵权必究　举报电话：024-23284090
如有印装质量问题，请与印刷厂联系。联系电话：024-31255233

引言

唐代是令我们中华民族和所有中华儿女骄傲的历史时代，唐代吸引我们的除了因国力强大所产生的自豪感以外，还有那闪耀着迷人光彩的文化。过去我们常说一句话：中国是一个诗歌的国度。中国诗歌最杰出的代表当然是唐代诗歌了，唐诗是我国古典诗歌中体制最成熟、成就最高的，唐诗的题材和写作对象几乎涉及唐代社会的每一个角落。这就意味着我们可以从唐诗里观察到想要了解的所有内容，与我们遥隔一千多年的唐代社会或许充斥了许多我们不曾了解却又满怀兴味的面貌。香喷喷的美食恐怕能教我们感到分外亲切。因此基于前贤对唐代饮食的研究，我们选择用唐诗做窗口，一窥那些诗人和他们笔下的唐代民众或达官显贵吃的都是什么食物。就中是否有我们今日也见过、吃过的？于是那些鼎鼎大名的诗人如李白、杜甫，似乎也就与我们坐在一张餐桌前吃饭了。

而我们中国人又是将饮食看得比较重要，孟子即说过："饮食男女，人之大欲存焉。"又有迄今为止尚广为流传于民间的"民以食为天"，食物是维持人生命和活动的最基本的物质，尤其是对于曾饱经饥馑的中国人而言。饿肚子的经验到现代社会远离中国人也不过数十年而已，基于这样的生活体会，吃的事情排在中国人生活诸项目的最先也就是理所当然的了。梁实秋先生在《吃》这篇文章中写道："我们中国人讲究吃，是世界第一。此非一人之言也，天下人之言也。"在阅读唐诗的过程中，我们也发现梁先生这句话讲得是准确的，不仅我们现代人讲究吃，唐代人早已经对饮食倾注了不少心血，普通老百姓吃米面等寻常食物，王公贵胄们的八珍九酝看来也教人垂涎欲滴。

唐代已经基本形成了南米北面的饮食格局，鱼米饭、鸡米饭都深得人们的青睐，像这样的现象叫我们一千多年之后的读者见到岂能不觉得亲切温馨？当然，本书是以唐诗作为取材资料库的，有的地方也必须兼顾文学上的特性。王维笔下的饮食多清淡，蔬菜往往出现；白居易老来体弱多病，日常偏好可以养生的粥；岑参久居塞外，贡献了大部分边塞的食物。凡此，可以将诗人们的所有创作综合分析，因此他们笔下的饮食也就附着了各位诗人独特的体会和生命经验。

目录

日常食物

受众最广的寻常食物

无分贵贱的羹

羹是唐代日常吃的一种食物，上至王公贵胄，下至寺庙与民间，都有用不同材料制作的羹（羹饭或羹汤），譬如杜甫《自京赴奉先县咏怀五百字》中有句曰："劝客驼蹄羹。"这是杜甫描写的显贵们所享用的美味珍馐。相形之下，韩愈在寺庙里吃的羹饭便显得粗糙许多。韩愈在《山石》中写道："铺床拂席置羹饭，疏粝亦足饱我饥。"这是韩愈到一座山中寺庙时寺内僧人招待韩愈的食物。想来这种羹饭必定不是用肉做材料，更遑论以骆驼蹄子来烹饪，所以韩愈说它是疏粝（即粗饭），仅仅可以用来充饥。可能是植物之类的原料做就的羹饭，羹饭包括羹与饭两种食品。汉代古诗《十五从军征》写道："舂谷持作饭，采葵持作羹。羹饭一时熟。"则韩愈诗中的羹饭极有可能亦是类似之物，即用葵做成的羹搭配谷所做成的饭。葵是我国传统蔬菜的一种，从周秦迄汉唐一直是中国人常吃的蔬菜。《诗经》里《豳风·七月》载："亨葵及菽。"以植物为原料的羹还有莼羹，张志和《渔父歌》中写道："松江蟹舍主人欢，菰饭莼羹亦共餐。"莼菜是生长在南方水泊中的植物，莼羹从南北朝时便已经是著名的美食，《世说新语》"言语"中记载陆机的话："有千里莼羹，但未下盐豉耳。"唐代还有一种山芋做的芋羹，元稹《酬翰林白学士代书一百韵》曰："芋羹真底可，鲈鲙漫劳思。"又《酬乐天东南行诗一百韵》曰："芋羹真暂淡，飓炙漫涂苏。"中唐诗人王建《新娘嫁词》中写："三日入厨内，洗手作羹汤。"可知羹也是民间普通百姓的日常食物。

羹是一种类似于粥或糜的食物，孙玉文先生认为："从字义上说，'糜'是一种稠粥。'粥'指较稀的粥，'糜'则强调煮得很烂。"（参孙玉文《释古诗"采葵持作羹"》）与葵同样，羹亦是历史悠久的传统食物，东汉学者王逸在注解《楚辞·天问》时说彭祖"善斟雉羹，能事帝尧，尧美而飨食之"。此后，文献中亦常常见到对羹的记载，《左传》昭公二年："是以清庙茅屋，大路越席，大羹不致，粢食不凿，昭其俭也。"《诗经·闷宫》："牺尊将将，毛炰胾羹。"不过这些记载里的羹不是供一般百姓日常食用的，而是贵族在祭祀或礼仪活动中使用的，用以献给祭祀的祖先或神灵。秦汉以后，羹便到了平民百姓的饭桌上，自兹以降，便永久成为中国人的食物。唐代的羹有许多依然在宋代的文献中出现，而我们今天的羹样式便更多且愈加可口美味。

自京赴奉先县咏怀五百字（节选）(《全唐诗》卷二百一十六）①

杜甫

....

凌晨过骊山，御榻在嵽嵲。②

蚩尤塞寒空，蹴蹋崖谷滑。③

瑶池气郁律，羽林相摩戛。④

君臣留欢娱，乐动殷胶葛。

赐浴皆长缨，与宴非短褐。⑤

彤庭所分帛，本自寒女出。⑥

鞭挞其夫家，聚敛贡城阙。

圣人筐篚恩，实欲邦国活。⑦

臣如忽至理，君岂弃此物。⑧

多士盈朝廷，仁者宜战栗。⑨

况闻内金盘，尽在卫霍室。⑩

中堂有神仙，烟雾蒙玉质。

煖客貂鼠裘，悲管逐清瑟。

劝客驼蹄羹，霜橙压香橘。

朱门酒肉臭，路有冻死骨。

荣枯咫尺异，惆怅难再述。

......

【注释】

①奉先县：在长安东北，由京兆府管辖，亦即今陕西省蒲城县。本诗写于天宝十四载（755）杜甫自长安前往奉先县预先安置家眷的途中。是年十月唐玄宗偕同杨贵妃等往骊山温泉沐浴，十一月安禄山在范阳举兵发动安史之乱。

②骊山：骊山在长安东六十里，山麓有温泉，是汉唐时期知名的避寒胜地，唐玄宗时代，每年十月率领杨贵妃及杨氏姊妹前往沐浴，杜甫经过骊山的此刻，唐玄宗、杨贵妃等人正在此地享乐。嶻嶭（dié niè）：山高峻貌。

③蚩尤：本是传说中少数民族九黎的首领，与黄帝曾经在涿鹿大战，战败身亡，后来民间祭祀之，据说蚩尤作战时曾用雾，此处大约比喻温泉的水汽所形成的景象。

④郁律：形容水汽蒸腾的样子。羽林相摩戛：羽林是指皇帝的禁卫军，摩戛形容摩擦碰撞。

⑤长缨：长帽带，指高官的服饰。短褐：粗布短衣，指称平民百姓。

⑥彤庭：指朝廷，古代宫殿楹柱地面多用红色涂饰。

⑦筐篚恩：指君王赏赐之恩，典出《诗经·小雅·鹿鸣》序曰："既饮食之，又实币帛筐篚。以将其厚意。然后忠臣嘉宾得尽其

心矣。"

⑧臣如忽至理：意谓臣子如果忽视最重要的道理。仇兆鳌《杜诗详注》认为，这一句是诗人不敢直斥君王，所以托辞于臣子。

⑨多士：典出《诗经·大雅·文王》："济济多士，文王以宁。"

⑩卫霍：原是西汉贵戚卫青、霍去病，此处借指杨国忠等因为杨玉环而受封之贵胄。

山石（节选）（《全唐诗》卷三百三十八）①

韩愈

山石荦确行径微，黄昏到寺蝙蝠飞。②

升堂坐阶新雨足，芭蕉叶大栀子肥。

僧言古壁佛画好，以火来照所见稀。

铺床拂席置羹饭，疏粝亦足饱我饥。

夜深静卧百虫绝，清月出岭光入扉。

……

【注释】

①本诗作于贞元十七年（801）七月，韩愈与侯喜等人在洛阳钓鱼后前往洛北惠林寺游玩，并留宿寺中。

②荦确：形容山石不平之貌。

渔父歌（《全唐诗》卷二十九）①

张志和

西塞山边白鹭飞，桃花流水鳜鱼肥。②

青箬笠，绿蓑衣，春江细雨不须归。

钓台渔父褐为裘，两两三三舴艋舟。

能纵棹，惯乘流，长江白浪不曾忧。

雪溪湾里钓鱼翁，舴艋为家西复东。③

江上雪，浦边风，笑着荷衣不叹穷。

松江蟹舍主人欢，菰饭莼羹亦共餐。④

枫叶落，荻花干，醉宿渔舟不觉寒。

青草湖中月正圆，巴陵渔父棹歌连。⑤

钓车子，橛头船，乐在风波不用仙。⑥

【注释】

①张志和是中唐时期诗人，这首诗歌塑造了一位江上钓鱼的渔翁形象，他淡泊豁达，以船为家，不惧江上的风雨猛浪。

②西塞山：在今湖北省黄石市东之长江边，又名道士洑矶。

③雪溪湾：雪（zhà），雪溪又称雪水，即西塞山附近的一条溪流，据本诗，应当指湖北省境内的雪溪，然而对其具体位置所在，又别有争论，或以为是今浙江省内之苕溪。

④蟹舍：大概是以捕蟹为业的渔家。

⑤巴陵：今湖南省岳阳市，古称巴陵。

⑥钓车子：钓鱼车，一种钓鱼的用具。掘头船："掘"字又有写作"橛"字者，大约是渔父所乘之船的形状似"橛头"。

新娘嫁词三首其三（《全唐诗》卷三百〇一）

王建

三日入厨下，洗手作羹汤。

未谙姑食性，先遣小姑尝。①

【注释】

①姑：婆婆。小姑：丈夫的小妹。

遍及大江南北的饼

麦子从先秦以来便是我国传统食物中的五谷之一，由麦子加工的食物是为面食。因为自然水热条件的差别，唐代已经形成了北麦南稻的粮食种植局面，因此，面食也是北方民众的基本饮食之一。而且进入唐代以后，谷物种植的品种也较从前丰富，甚至比粟米更加重要，成为影响力更大的主食。大概是因为麦子加工成面粉以后可塑性更强，更利于民众发挥烹饪的技艺。时至今日，面食依然比米类食物更加花样繁多。而在唐代，情形亦大致相近。饼是唐代面食中居主要地位的品类。又根据不同的做法区分出不同的名目。

宋代黄朝英在《靖康缃素杂记》卷二中考察唐代的饼食时写道："煮面谓之汤饼，其来旧矣。案后汉《梁冀传》云进鸩加煮饼……凡以面为餐具者，皆谓之饼。故火烧而食者呼为烧饼，水瀹而食者呼为汤饼，笼蒸而食者呼为蒸饼，而馒头谓之笼饼宜矣。"也就是说，在唐代以前，饼是面食的统称，用水煮熟的叫作"汤饼"，用火烧熟的叫作"烧饼"，用笼屉蒸熟的叫作"蒸饼"，所以黄朝英认为将馒头称为蒸饼也是可以的。唐代的饼有汤饼、蒸饼、煎饼、胡饼等，此外《江南余载》记录南唐时还出现过鹭鹚饼、云喜饼。《北户录》记载了广州地区的一些特色饼，如薄夜饼、喘饼、浑沌饼、夹饼等。可见饼也是南北方都流行的食物，并不因为稻麦南北种植的分别而只在北方出现。而且唐人制饼的花样也不少。唐诗中的饼也有许多，譬如《全唐诗》卷一百二十五中王维《赠吴官》："长安客舍热如煮，无个茗糜难御暑。空摇白团其谛苦，欲向缥囊还归旅。江乡鲭鲊不寄来，秦人汤饼那堪许。不如侬家任挑达，草屩捞虾富春渚。"卷一百三十二中李颀《九月九日刘十八东堂集》："风俗尚九日，此情安可忘？菊花辟恶酒，汤饼茱萸香。"卷二百二十一中杜甫《信行远修水筒》："浮瓜供老病，裂饼尝所爱。"卷三百四十中韩愈《赠刘师服》："羡君齿牙牢且洁，大肉硬饼如刀截。"可见饼

的口感偏硬，不利于咀嚼。又卷三百五十四中刘禹锡
《送张盥赴举诗》有："尔生始悬弧，我作座上宾。引箸
举汤饼，祝词天麒麟。"

赠吴官（《全唐诗》卷一百二十五）

王维

长安客舍热如煮，无个茗糜难御暑。[①]

空摇白团其谛苦，欲向缥囊还归旅。[②]

江乡鲭鲊不寄来，秦人汤饼那堪许。

不如侬家任挑达，草属捞虾富春渚。[③]

【注释】

①茗糜：茗粥，是唐宋时期以茶加工而成的一种粥。

②白团：指白团扇。缥囊：指丝绸做成的书囊。

③侬家：侬是自称，犹言我家。挑达：自由自在，不受拘
束之意。

九月九日刘十八东堂集（《全唐诗》卷一百三十二）

李颀

风俗尚九日，此情安可忘。

菊花辟恶酒，汤饼茱萸香。[①]

云入授衣假，风吹闲宇凉。

主人尽欢意，林景昼微茫。

清切晚砧动，东西归鸟行。

淹留怅为别，日醉秋云光。

【注释】

①菊花辟恶酒：汉唐时代，九月九日重阳节有饮菊花酒和佩戴茱萸的习俗，古人认为这样可以免除灾祸。

赠刘师服（《全唐诗》卷三百四十）

韩愈

羡君齿牙牢且洁，大肉硬饼如刀截。

我今牙豁落者多，所存十馀皆兀臲。①

匙抄烂饭稳送之，合口软嚼如牛呞。②

妻儿恐我生怅望，盘中不饤栗与梨。

只今年才四十五，后日悬知渐莽卤。

朱颜皓颈讶莫亲，此外诸馀谁更数。

忆昔太公仕进初，口含两齿尤赢馀。

虞翻十三比岂少，遂自惋恨形于书。③

丈夫命存百无害，谁能点检形骸外。

巨缗东钓倘可期，与子共饱鲸鱼脍。④

【注释】

①兀臲：臲（niè），形容不稳之貌。

②牛呞：呞（shī），牛反刍。

③虞翻十三：虞翻是三国时期的学者，《三国志·吴志》载：

"《吴书》曰：翻少好学，有高气。年十二，客有候其兄者，不过翻，翻遗与书曰：'仆闻虎魄不取腐芥，磁石不受曲针，过而不存，不亦宜乎!'客得书奇之，由是见称。"

④巨缗东钓:《庄子·外物》记载："任公子为大钩巨缁，五十犗以为饵，蹲乎会稽，投竿东海，旦旦而钓，期年不得鱼。已而大鱼食之，牵巨钩，錎没而下，鹜扬而奋鬐，白波若山，海水震荡，声侔鬼神，惮赫千里。任公子得若鱼，离而腊之，自制河以东，苍梧以北，莫不厌若鱼者。"

送张盥赴举诗(《全唐诗》卷三百五十四)

刘禹锡

尔生始悬弧，我作座上宾。①

引箸举汤饼，祝词天麒麟。

今成一丈夫，坎坷愁风尘。

长裾来谒我，自号庐山人。

道旧与抚孤，悄然伤我神。

依依见眉睫，嘿嘿含悲辛。

永怀同年友，追想出谷晨。

三十二君子，齐飞凌烟旻。②

曲江一会时，后会已凋沦。

况今三十载，阅世难重陈。

盛时一已过，来者日日新。

不如摇落树，重有明年春。

火后见琮璜，霜馀识松筠。

肃风乃独秀，武部亦绝伦。

尔今持我诗，西见二重臣。③

成贤必念旧，保贵在安贫。

清时为丞郎，气力侔陶钧。

乞取斗升水，因之云汉津。

【注释】

①悬弧：古人在生儿子时要在门上悬挂一张弓，以示尚武精神。

②烟旻：云霄之意。

③二重臣：本诗原来有一篇小引，其中点名二重臣是尚书右丞卫大受、兵部侍郎武庭硕。

品种丰富的米饭

作为稻米替代品的雕胡饭

菰米饭又叫雕胡饭,在唐代是对米面之类主食的补充性食物。菰是生长于水中的一种植物,菰米是菰的果实,形似米粒,然而更细长,颜色为黑色。含有淀粉,故而在稻米、麦面不足的情况下可以作为补充的食物。过去人们认为菰米是茭白(见明徐光启《农政全书》),而现在偶有学者提出异议,如谓:"古代的菰米不是茭白,不是菜,菰米饭是一种米饭。"(参黄金贵《"炊雕"释义》)尽管出现不同声音,但我们还是倾向于采纳传统观点。

菰生长在水泽中,然而并非只是江南的特产,唐代中原地区亦不乏水泊,因此北方地区也有菰和菰米,所以在唐诗中大江南北皆有菰的影子,菰米饭常常在饭桌上现身。譬如王维《辋川闲居》有句:"青菰临水拔,白鸟向山翻。"王维《送友人南归》:"郧国稻苗秀,楚人菰米肥。"张籍《城南》："卧蒋黑米吐。"储光羲《田家杂兴八首》："衣食既有余，时时会亲友。夏来菰米饭，秋至菊花酒。"李白《宿五松山下荀媪家》："跪进雕胡饭，月光明素盘。"杜甫《行官张望补稻畦水归》："秋菰成黑米，精凿传白粲。"陆龟蒙《江南秋怀寄华阳山人》："野馈夸菰饭。"陆龟蒙又有《大堤》："请君留上客，容妾荐雕胡。"皮日休《鲁望以躬掇野蔬兼示雅什，用以酬谢》："雕胡饭熟醍醐软，不是高人不合尝。"又《重玄寺元达年逾八十好种名药凡所植者多至自天台四明包山句曲丛翠纷糅各可指名余奇而访之因题二章》："怪来昨日休持钵，一尺雕胡似掌齐。"这些诗从唐代中、盛到晚期，时间跨度百余年，可见菰米饭在唐代的普及程度。

其实菰米饭不独在唐代流行，它实际上从先秦到宋代一直都在中国人的饭桌上劳苦功高。《周礼》："王子馈食用六谷。鱼宜菰。"战国时期的宋玉在《风赋》中写道："为臣炊雕胡之饭，烹露葵之羹，来劝臣食。"西汉桓麟《七说》："香箕为饭，杂以粳菰。"西晋潘尼《钓赋》："红曲之饭，糅以菰粱。五味道洽，余气芬芳。"南朝的史学家、文学家沈约写过《咏菰诗》。唐宋以降亦然，如宋代大诗人陆游《村饮示邻曲》："雕胡幸可炊，亦有社酒浑。"清代诗人赵翼《未堂西岩松坪既堂悔庵

杜村招陪松崖漕使宴集九峰园并为湖舫之游作歌》："烹
鲜斫脍炊雕胡，主人称觞客避席。"茭白直至今日依然
是广阔南方的一种美味。

辋川闲居(《全唐诗》卷一百二十六)

王维

一从归白社，不复到青门。①

时倚檐前树，远看原上村。

青菰临水拔，白鸟向山翻。

寂寞于陵子，桔槔方灌园。

【注释】

　①白社：地名，在今河南省洛阳市东。青门：汉代长安城
的东南门，因门色青而得名，后来泛指都城的城门。

送友人南归(《全唐诗》卷一百二十六)

王维

万里春应尽，三江雁亦稀。①

连天汉水广，孤客郢城归。②

郧国稻苗秀，楚人菰米肥。

悬知倚门望，遥识老莱衣。③

【注释】

　①三江：指流经岳阳城外的沅江、澧江、湘江。

②郢城：春秋时期楚国的都城是郢，在今湖北省荆州市。

③老莱衣：春秋战国时期，楚国的隐士老莱子年纪很高的时候还穿着孩童的五彩衣服，模仿孩子的啼哭，以此博取父母的欢欣，"老莱娱亲"也是孝顺父母的著名典故。

田家杂兴八首（其八）（《全唐诗》卷一百三十七）

储光羲①

种桑百余树，种黍三十亩。

衣食既有余，时时会亲友。

夏来菰米饭，秋至菊花酒。

孺人喜逢迎，稚子解趋走。

日暮闲园里，团团荫榆柳。

酩酊乘夜归，凉风吹户牖。

清浅望河汉，低昂看北斗。

数瓮犹未开，明朝能饮否？

【注释】

①储光羲：润州延陵（今常州市金坛区）人，开元年间进士，天宝年间任监察御史，诗歌风格属于山水田园派。

行官张望补稻畦水归（《全唐诗》卷二百二十一）①

杜甫

东屯大江北，百顷平若案。

六月青稻多，千畦碧泉乱。

插秧适云已，引溜加溉灌。

更仆往方塘，决渠当断岸。

公私各地著，浸润无天旱。

主守问家臣，分明见溪伴。

芊芊炯翠羽，剡剡生银汉。

鸥鸟镜里来，关山云边看。

秋菰成黑米，精凿传白粲。②

玉粒足晨炊，红鲜任霞散。

终然添旅食，作苦期壮观。

遗穗及众多，我仓戒滋蔓。

【注释】

①行官：唐代的官职名称，受上级驱遣行役四方，在节度使、方镇、州府都设置的小官。稻畦：稻田。

②白粲：白米，秦汉时期有一种刑罚，令罪人选精米供祭祀之用。

鲁望以躬掇野蔬兼示雅什，用以酬谢（《全唐诗》卷六百一十三）①

皮日休

杖摘春烟暖向阳，烦君为我致盈筐。

深挑乍见牛唇液，细掐徐闻鼠耳香。②

紫甲采从泉脉畔，翠牙搜自石根傍。

雕胡饭熟醍醐软，不是高人不合尝。

【注释】

①鲁望：晚唐诗人陆龟蒙，字鲁望，与本诗作者既是诗友，又互相欣赏，二人为当时和后世所并称"皮陆"。

②牛唇、鼠耳：两种皆是草名，泽泻即是牛唇草，鼠耳草又名鼠曲草。

得到君臣一致褒奖的粟米

有一首非常出名的唐诗被选入了我们的小学教科书，用来教育我们要爱惜粮食，那就是李绅的《悯农》："春种一粒粟，秋收万颗子。四海无闲田，农夫犹饿死。"此诗十分简洁明白，其本意是为了揭露农民生活的艰辛处境与社会黑暗的景象。然而也留下了唐代粮食种植与食物的信息——粟是唐代种植较为广阔的一种粮食作物。又有大诗人杜甫、白居易的两句诗可以为之佐证。杜甫《忆昔》："忆昔开元全盛日，小邑犹藏万家室。稻米流脂粟米白。"白居易《短歌行》："奴温已挟纩，马肥初食粟。"唐明皇甚至作诗《春中兴庆宫酺宴》赞扬粟米的珍贵曰："天地交而万物通，阴阳和而四时序。所宝者粟，所贵者贤。"唐明皇用贤人与粟米对举，可见在他心中，粟米作为粮食的地位的重要程度。又如李贺《长歌续短歌》中所写："渴饮壶中酒，饥拔陇头粟。"尊贵如皇帝者还有唐肃宗的《赐梨李泌与诸王联句》："不食千钟粟，唯餐两颗梨。"此"千钟粟"后来又在宋真宗的《劝学诗》中出现，《劝学诗》写道："富家不用买良田，书中自有千钟粟。安居不用架高堂，书中自有黄金屋。"所以"千钟粟"实际上是衣食无忧之食物无忧的意思，可见粟米是与稻米同等的日常性食物，所以杜甫追忆开元全盛日时候的景象便是"稻米流脂粟米白"。《入唐求法巡礼行记》卷四记载："山村县人，飧物粗硬，爱吃盐茶粟饭。"《类说》卷四十九引用《卢氏杂说》："召亲朋……就食，每人前苏米饭一盂。"所以吴玉贵先生认为，在隋唐五代的三餐饮食结构里，粟米饭与稻米饭作为干饭是中餐所用的食物。（参吴玉贵《中国风俗通史》（隋唐五代卷）第一章"饮食风俗"）

那么粟米又是何物呢？有学者认为粟就是今日北方通俗所说的谷子，唐人所谓的黄粱大约亦是其中一种，如王维《田园乐七首·其七》诗所写道的："南园露葵朝折，东谷黄粱夜春。"杜甫《赠卫八处士》："夜雨剪春韭，新炊间黄粱。"亦即我们所熟知的成语"黄粱一梦"中的"黄粱"。

悯农（《全唐诗》卷四百八十三）

李绅

春种一粒粟，秋收万颗子。

四海无闲田，农夫犹饿死。

忆昔二首·其二（《全唐诗》卷二百二十）

杜甫

忆昔开元全盛日，小邑犹藏万家室。

稻米流脂粟米白，公私仓廪俱丰实。

九州道路无豺虎，远行不劳吉日出。

齐纨鲁缟车班班，男耕女桑不相失。

宫中圣人奏云门，天下朋友皆胶漆。①

百余年间未灾变，叔孙礼乐萧何律。②

岂闻一绢直万钱，有田种谷今流血。

洛阳宫殿烧焚尽，宗庙新除狐兔穴。

伤心不忍问耆旧，复恐初从乱离说。

小臣鲁钝无所能，朝廷记识蒙禄秩。

周宣中兴望我皇，洒泪江汉身衰疾。③

【注释】

①云门：本来是周代六乐舞的名称之一。

②叔孙礼乐萧何律：叔孙通为西汉制定了新的礼乐制度。

萧何确立了西汉的律法。

③周宣中兴：周宣王在历史上以中兴周室著名。

短歌行（《全唐诗》卷二十）

白居易

世人求富贵，多为身嗜欲。盛衰不自由，得失常相逐。

闻君少年日，苦学将干禄。负笈尘中游，抱书雪前宿。

布衾不周体，藜茹才充腹。三十登宦途，五十被朝服。

奴温已挟纩，马肥初食粟。未敢议欢游，尚为名检束。①

耳目聋暗后，堂上调丝竹。牙齿缺落时，盘中堆酒肉。

彼来此已去，外余中不足。少壮与荣华，相避如寒燠。

青云去地远，白日终天速。从古无奈何，短歌听一曲。

【注释】

①挟纩：典故出自《左传》，意谓披绵衣或受到他人抚慰而感到温暖。

赠卫八处士（《全唐诗》卷二百一十六）①

杜甫

人生不相见，动如参与商。今夕复何夕，共此灯烛光。②

少壮能几时，鬓发各已苍。访旧半为鬼，惊呼热中肠。③

焉知二十载，重上君子堂。昔别君未婚，儿女忽成行。

怡然敬父执，问我来何方。问答乃未已，儿女罗酒浆。

夜雨剪春韭，新炊间黄粱。主称会面难，一举累十觞。

十觞亦不醉，感子故意长。明日隔山岳，世事两茫茫。

【注释】

①卫八处士：处士指隐者。本诗是杜甫于唐肃宗乾元二年
（759）春天从洛阳返回华州途中所作。前一年（乾元元年）六月，
诗人由左拾遗贬官为华州司功参军，是年冬，杜甫由华州前往
洛阳。次年三月，再次由洛阳返回华州。

②参与商：参是二十八星宿的西方七宿之中最末一颗，商
是东方七宿的心宿，也称作大火星，两者一在东，一在西，悬
隔迢遥，用以形容不能相见的情况。

③热中肠：意谓肝肠如火热，形容不愉快的心情。

春中兴庆宫酺宴（《全唐诗》卷三）

李隆基

九达长安道，三阳别馆春。还将听朝暇，回作豫游晨。①

不战要荒服，无刑礼乐新。合酺覃土宇，欢宴接群臣。②

玉斝飞千日，琼筵荐八珍。舞衣云曳影，歌扇月开轮。③

伐鼓鱼龙杂，撞钟角抵陈。曲终酺兴晚，须有醉归人。④

【注释】

①别馆：指兴庆宫，兴庆宫本是唐明皇（玄宗）做藩王时候
的府邸，相对于大明宫而言并非皇帝和朝廷主要的办公场所。
豫游：行乐的意思。

②要荒服：要服、荒服本来是周代对京师之外边缘地方的命名。合酺：酺是欢聚饮酒的宴会。覃土宇：意谓拓远疆土。

③玉斝（jiǎ）：玉制的酒杯。

④伐鼓：击鼓之意。角抵陈：角抵是唐代宫廷一种二人徒手互抵竞力的游戏。

田园乐七首·其七（《王摩诘集》卷六）

王维

酌酒会临泉水，抱琴好倚长松。

南园露葵朝折，东谷黄粱夜舂。

鱼米饭的寻常与可口

南方吃稻米，北方吃面食，这是我们今日中国饮食的基本结构，而此种空间分布格局从唐代便已经开始形成。"唐宋八大家"之一的柳宗元在给朋友的书信《与李睦州论服气书》中写道："愿椎肥牛，击大豕，刲群羊，以为兄饫。穷陇西之麦，殚江南之稻，以为兄寿。"这里明确指出唐代中国南北粮食作物的差异。陇西种植麦子，江南种植水稻。是以吴玉贵先生在《中国风俗通史》（隋唐五代卷）中描述唐代饮食结构说："隋唐五代饮食结构可以分为南北两个大的区域，南方以长江流域为中心，着重食稻米；北方区以黄河流域为中心，以面食为主。"吴先生接着又统计《太平广记》中征引唐人笔记里记载北方米面饮食的频次，面食是稻米的数倍之多。可以说"南米北面"是唐代餐桌上的基本格局。《隋书地理志》记载："江南之俗，火耕水耨，食鱼与稻，以渔猎为业，虽无蓄积之资，然而亦无饥馁。"这是说江南一带种植水稻、捕鱼为食，以此作为基本产业，所以尽管没有多余的积蓄储备，但是也没有饥馑之患。以鱼就米饭是唐人典型的一种搭配，白居易《饱食闲坐》写道："红粒陆浑稻，白鳞伊水鲂。庖童呼我食，饭热鱼鲜香。箸箸适我口，匙匙充我肠。八珍与五鼎，无复心思量。""饭热鱼鲜香"五字足以说明此种搭配之美味可口。我们的大诗人在吃过寻常的鱼米饭之后，甚至对八珍五鼎之类的高级食物便失去了兴趣，可见其虽然普通，但并不简单。又如王建《荆门行》所写的同样的情景："看炊红米煮白鱼，夜向鸡鸣店家宿。"许浑《夜归驿楼》："早炊香稻待鲈鲙，南渚未明寻钓翁。"

虽然南米北面是唐代饮食的基本格局，但并不是说北方就没有稻米。只不过北方的稻米分布并不像南方这般广阔密集。上文所引的白居易《饱食闲坐》中的"陆浑稻"之陆浑便不在江南水乡，而是位于河南洛阳一带的陆浑山，白居易既然在诗中写此地有稻曰"陆浑稻"，可知此处当然会种植并食用水稻。又根据他诗中所写的，此种陆浑稻与一般的水稻不尽相同，它的米粒是红色的。关于河南地区种植水稻的诗句，还有王建的《汴路水驿》："晚泊水边驿，柳塘初起风。蛙鸣蒲叶下，鱼入稻花中。"王建此诗所写的汴路即是汴水，这里的驿站建立在水边，此地又有蒲草，又生长着水稻，鱼儿在其中自由自在地游泳，俨然一幅江南水乡之景致。大诗人王维又写过名句"漠漠水田飞白鹭，阴阴夏木啭黄鹂"，所谓的"漠漠水田飞白鹭"便是指稻田上面白鹭飞过的景象。此名句所写之地是诗人的别墅所在地辋川，而辋川正好是在关中的蓝田县。综此可知，北方地区水热条件适合之处同样也产水稻，则同样会选择稻米做主食。

饱食闲坐（《全唐诗》卷四百五十三）

白居易

红粒陆浑稻，白鳞伊水鲂。①

庖童呼我食，饭热鱼鲜香。

箸箸适我口，匙匙充我肠。

八珍与五鼎，无复心思量。

扪腹起盥漱，下阶振衣裳。

绕庭行数匝，却上檐下床。

箕踞拥裘坐，半身在日旸。

可怜饱暖味，谁肯来同尝。

是岁太和八，兵销时渐康。②

朝庭重经术，草泽搜贤良。

尧舜求理切，夔龙启沃忙。③

怀才抱智者，无不走遑遑。

唯此不才叟，顽慵恋洛阳。

饱食不出门，闲坐不下堂。

子弟多寂寞，僮仆少精光。

衣食虽充给，神意不扬扬。

为尔谋则短，为吾谋甚长。

【注释】

①陆浑：春秋时期在今河南嵩县东北一带有陆浑戎活动，后来即于此处设置陆浑县。

②太和八：唐文宗太和八年（834）。

③夔龙：夔龙是尧舜时候的大臣。启沃：辅佐、开导帝王之意。

夜归驿楼（《全唐诗》卷五百三十四）①

许浑②

水晚云秋山不穷，自疑身在画屏中。

孤舟移棹一江月，高阁卷帘千树风。

窗下覆棋残局在，橘边沽酒半坛空。

早炊香稻待鲈鲙，南渚未明寻钓翁。

【注释】

①驿楼：驿站的楼房。

②许浑，字用晦，润州丹阳（今江苏丹阳县）人，晚唐时期的著名诗人。

古人也爱鸡米饭

　　黍亦属于唐代常种植的粮食作物，黍是大黄米，性质黏软，可以用来做糕，亦可蒸制做主食食用。唐诗中写到黍的佳作名句有许多，如孟浩然《过故人庄》中的"故人具鸡黍，邀我至田家"。孟浩然在《裴司士、员司户见寻》里同样写到了鸡黍饭："厨人具鸡黍，稚子摘杨梅。谁道山公醉，犹能骑马回。"鸡黍饭大约是唐代非常流行的一种搭配，祖咏《归汝坟山庄留别卢象》诗亦曰："沤麻向南涧，刈麦向东菑。对酒鸡黍熟，闭门风雪时。"翻检唐诗，此种鸡黍饭的写作可谓俯拾即是，例子不胜枚举。

　　鸡黍饭同样是传统食物，从先秦便已经成为中国人的基本饮食之一了。据传说，三皇五帝时代，彭祖便已经烹饪出鸡和熟米饭，进献给尧帝，获得了尧帝的欢心。而春秋战国以来，黍已经是五谷之一了。到了汉代，鸡黍又进入了一个故事之中，变成了一个典故"鸡黍之交"，成为朋友之间交情的象征。《后汉书·独行列传》与《文选》（李善注）等书都分别记载了鸡黍之交的故事。《文选》卷二十六范彦龙《赠张徐州稷》"恨不具鸡黍，得与故人挥"句下李善注明此典故说：东汉明帝时期山阳人范式，字巨卿，年轻时游学洛阳太学，做了太学生，在那里结识了汝南人张劭（字元伯），成为要好的朋友，二人春天从京师分别，约定在秋天见面。到九月十五日这天，张劭杀鸡具黍以准备接待范式，张劭的父母就笑说："山阳距离汝南将近数千里之远。他怎会来呢？"张劭说："范式是守信之士，一定不会失约的。"话还未讲完，范式已经到了。后来范式做了郡功曹之官，而张劭忽然重病将死，死前向身边人说："巨卿是我的死友。恨不能再见到他了。"然后就死了。范式则于梦中梦见张劭对自己说："老朋友啊，我在某日去世了，将在某时下葬，你如果没忘记我，难道不来送别我吗？"范式便被惊醒，悲伤流泪不已，于是前往吊丧。范式还未到达，丧礼已经开始，在下葬棺椁时，棺材却不能落进坟圹之内，张劭之母便手抚棺材叹息道："元伯，莫非你还有未竟的心愿吗？"于是暂停下葬许久，见到有素车白马远远而来，张母道："必定是范巨卿前来吊丧了。"明代的冯梦龙将这故事编入小说集《古今小说》中，题名曰"范巨卿鸡黍死生交"。因此"鸡黍之交"便成为朋友之间可以托付生死的真挚情谊的象征。

积雨辋川庄作（《全唐诗》卷一百二十八）

王维

积雨空林烟火迟，蒸藜炊黍饷东菑。[1]

漠漠水田飞白鹭，阴阴夏木啭黄鹂。

山中习静观朝槿，松下清斋折露葵。

野老与人争席罢，海鸥何事更相疑。

【注释】

①东菑：东面的田地。菑是初开垦的土地。

过故人庄（《全唐诗》卷一百六十）

孟浩然

故人具鸡黍，邀我至田家。

绿树村边合，青山郭外斜。

开轩面场圃，把酒话桑麻。

待到重阳日，还来就菊花。

裴司士、员司户见寻（《全唐诗》卷一百六十）[1]

孟浩然

府僚能枉驾，家酝复新开。

落日池上酌，清风松下来。

厨人具鸡黍，稚子摘杨梅。

谁道山公醉，犹能骑马回。②

【注释】

①司士、司户：二者皆是官职名称，司士主管河津营造、桥梁建筑等事情。司户主管户籍工作。二人可能是孟浩然的僚属。

②山公醉：山公指山简，魏晋时期"竹林七贤"之一的山涛的儿子，性嗜酒。《世说新语》记载，山简在荆州做官的时候，曾喝得大醉，醉后仍旧能骑马回家。

米的衍生品

空腹一盏粥

粥也是唐代人日常所喜爱吃的一种食物。许多大诗人都曾在诗歌中描写过这种日常饮食。譬如王维《田家》中写道："老年方爱粥，卒岁且无衣。"白居易《闲居》："空腹一盏粥，饥食有余味。"大诗人此句似乎说粥为饥饿时候的食物，而事实上也确乎如此，通常在食物不甚丰盈的时候，粥用来充饥。譬如《白孔六帖》中记载："为粥以待卫国之饿者。"又曰："贻饿者。"王维《胡居士卧病遗米因赠》写道："床上无毡卧，镉中有粥否？斋时不乞食，定应空漱口。"但是，似乎平常也可以做粥来吃，而且可以做得十分美味，如《白孔六帖》又记载道："《金銮密记》白居易在翰林，赐防风粥一瓯。食之口香七日。"似乎白居易尤其爱粥，他许多诗歌都描写过粥，如《七月一日作》："饥闻麻粥香，渴觉云汤美。"又《自咏老身示诸家属》写道："粥美尝新米，袍温换故绵。"五代时期诗僧贯休《送僧入五泄》中写道:"九年吃菜粥,此事少人知。"唐代的粥有如这些诗中写到的菜粥、麻粥、米粥等。

当然,粥并非唐代新发明的食物,可以说粥也是起源较早的饮食种类,《礼记·月令》载:"仲秋之月,养衰老,授几杖,行糜粥饮食。"《孟子·滕文公》:"飦粥之食,自天子达于庶人,三代共之。"唐代以后,粥自然更是养活中国人的重要食物,直至今日。

田家(《全唐诗》卷一百二十七)

王维

旧谷行将尽,良苗未可希。

老年方爱粥,卒岁且无衣。①

雀乳青苔井,鸡鸣白板扉。②

柴车驾羸牸,草屩牧豪豨。③

多雨红榴拆,新秋绿芋肥。

饷田桑下憩,旁舍草中归。

住处名愚谷,何烦问是非。

【注释】

①卒岁:典出《诗经·豳风·七月》:"无衣无褐,何以卒岁。"此句是说没有衣服以度过一岁,此四句写出田家生活之贫穷匮乏。

②雀乳：典出傅休奕诗"雀乳空井中"。此句写鸟雀在长满青苔的水井边哺乳小鸟。白板扉：指的是田家的门，以其未曾上漆之故而称白板。

③牸：母牛。草屩：草鞋。豪豨：猪的方言称呼。

闲居（《全唐诗》卷四百二十九）

白居易

空腹一盏粥，饥食有余味。

南檐半床日，暖卧因成睡。

绵袍拥两膝，竹几支双臂。

从旦直至昏，身心一无事。

心足即为富，身闲乃当贵。

富贵在此中，何必居高位。

君看裴相国，金紫光照地。①

心苦头尽白，才年四十四。

乃知高盖车，乘者多忧畏。

【注释】

①裴相国：指的是唐代宰相裴休，其是唐代中晚期的名相。金紫光：唐代高官赐金鱼袋，着紫衣，此处形容地位、身份高贵。

七月一日作（《全唐诗》卷四百五十三）

白居易

七月一日天，秋生履道里。

闲居见清景，高兴从此始。

林间暑雨歇，池上凉风起。

桥竹碧鲜鲜，岸莎青靡靡。

苍然古磐石，清浅平流水。

何言中门前，便是深山里。

双僮侍坐卧，一杖扶行止。

饥闻麻粥香，渴觉云汤美。①

平生所好物，今日多在此。

此外更何思，市朝心已矣。

【注释】

①麻粥：麻粥是胡麻做的粥。云汤：云母汤，云母是一种中药材。

九子粽争新

　　唐玄宗《端午三殿宴群臣探得神字》诗中写道："四时花竞巧，九子粽争新。"这是写端午节时候与群臣宴会的场景，宴席上的一种食物特别醒目，甚至可与外面的百花相映成趣，这便是端午节的节令食物——粽子。

　　端午节作为传统节日，我们时至今日仍然在过，所以对端午节与粽子并不陌生。端午节在唐代已经得到了大家的重视，粽子也随之成为人们口中的美食，即便是贵为天子的皇帝亦不能免俗。《唐六典》卷十五中记载光禄寺此日给百官供膳："五月五日加粽糭。"更不必论一般的民众了，那自然也是如此。宋人庞元英《文昌杂录》卷三记载唐岁时节物曰："五月五日则有百索粽。"中唐诗人沈亚之《五月六日，发石头城，步望前船，示舍弟兼寄侯郎》写道："蒲叶吴刀绿，筠筒楚粽香。"大概是诗人在端午节后出发，在路上回想着昨日所吃到的美味，念念不忘，于是又在心间回味一番，并用饱含深情的细腻笔触将粽子的色香都写了出来。这粽子与我们今日所吃的有相同之处，亦有不同。"蒲叶吴刀绿"写的应该是包裹粽子的粽叶，说这层叶子非常薄且锋利，像是吴刀一般。"筠筒楚粽香"中"筠筒"则不同于今日的粽子。它是"筒粽"。筒粽可能是流行于南方的一种粽子，它可能是用竹筒加工而成的。事实上，唐代的粽子分为两种，南方的是筒粽，北方的是角黍。从名称上，我们便可以大致判断，角黍是用黍米做成的角状的粽子，大概就是我们今日所吃的三角形的粽子。而且根据文献记载，角黍同样有更早的来源，晋代周处的《风土记》里面已经记载了在端午节时要做角黍。可知最晚在晋代就已经有在端午节吃角黍的风俗了。王仁裕的《开元天宝遗事》载："宫中每到端午节，造粉团角黍贮于金盘中，以小角造弓子，纤妙可爱。架箭射盘中粉团，中者得食。盖粉团滑腻而难射也。都中盛于此戏说。"温庭筠在《鸿胪寺有开元中锡宴堂楼台池沼雅为胜绝荒凉遗址仅有存者偶成四十韵》诗中写道："盘斗九子粽，瓯擎五云浆。"以上这些记载都说明在端午节要吃粽子，然而粽子在唐代不仅仅是端午节的特色食物，其他时候似乎也可以吃。譬如白居易《和梦得夏至忆苏州呈卢宾客》诗中所写到的："忆在苏州日，常谙夏至筵。粽香筒竹嫩，炙脆子鹅鲜。"这是在夏至的时候仍然吃粽子。又如姚合《夏夜宿江驿》："渚闹渔歌响，风和角粽香。"俨然粽子已经成为夏季的一道日常美食了。所以有不少学者都认为，唐代的粽子是一种日常的食物。

对于粽子得名的缘故，有学者认为，粽子与"宗子"谐音，表明人们对传宗接代的期望。

端午三殿宴群臣探得神字（《全唐诗》卷三）

李隆基

五月符天数，五音调夏钧。①

旧来传五日，无事不称神。

穴枕通灵气，长丝续命人。②

四时花竞巧，九子粽争新。

方殿临华节，圆宫宴雅臣。

进对一言重，遒文六义陈。③

股肱良足咏，风化可还淳。

【注释】

①五音：指宫、商、角、徵、羽。夏钧：泛称皇家雅乐。

②长丝续命：汉唐之间端午节有一种习俗，即将五色丝编织成缕，认为可以续命，名曰"续命缕"。

③六义：《诗》大序："诗有六义焉：一曰风，二曰赋，三曰比，四曰兴，五曰雅，六曰颂。"

五月六日，发石头城，步望前船，示舍弟兼寄侯郎（《全唐诗》卷四百九十三）

沈亚之[①]

客子去淮阳，逶迤别梦长。

水关开夜锁，雾棹起晨凉。

烟月期同赏，风波勿异行。

隐山曾撼橹，转濑指遥樯。

蒲叶吴刀绿，筎筒楚粽香。

因书报惠远，为我忆檀郎。[②]

【注释】

①沈亚之：字下贤，吴兴（今浙江湖州市）人，为中唐时期的诗人，亦写有唐传奇《湘中怨解》《异梦录》《秦梦记》等。其诗歌在当时诗坛上曾产生过较大影响，被称作"沈下贤体"，得到过李商隐与杜牧的推崇。

②檀郎：檀郎本是晋代美男子潘岳的小字，后成为对貌美的男子的美称。

和梦得夏至忆苏州呈卢宾客（《全唐诗》卷四百六十二）

白居易

忆在苏州日，常谙夏至筵。粽香筒竹嫩，炙脆子鹅鲜。

水国多台榭，吴风尚管弦。每家皆有酒，无处不过船。

交印君相次，襄帷我在前。此乡俱老矣，东望共依然。①

洛下麦秋月，江南梅雨天。齐云楼上事，已上十三年。②

【注释】

①交印：谓卸职。襄帷：指官吏体察民情。

②齐云楼：唐宋时期苏州的名楼，白居易曾有诗歌《齐云楼晚望》，宋代章宪有诗歌《登齐云楼》。

夏夜宿江驿（《全唐诗》卷五百）

姚合

竹屋临江岸，清宵兴自长。

夜深倾北斗，叶落映横塘。

渚闹渔歌响，风和角粽香。

却愁南去棹，早晚到潇湘。

人人都爱吃肉

烹羊宰牛且为乐

除了从地里种植出来的粮食以外，各种动物的肉皆是不同地区的人类族群用以维持生命的日常食物。唐代人当然也不例外。那么唐代人的餐桌上通常会出现哪些肉类呢？首先当然是人工养殖的家畜了。过去我们的春联中往往会有"六畜兴旺"的横批贴在厨房门楣上，此"六畜"即是我们古代社会里所蓄养的六种常见动物——马、牛、羊、鸡、犬、豕（猪）。而唐人食用的肉首先便是此六畜中的牛、羊、豕三种。如被称为七绝圣手的大诗人王昌龄有一首诗《留别岑参兄弟》，诗中有两句曰："何必念钟鼎，所在烹肥牛。"又如我们所熟悉的一首诗——李白的《将进酒》，诗中亦有两句写道："烹羊宰牛且为乐，会须一饮三百杯。"边塞诗人岑参在诗中写了边地军人吃牛肉的情况，他在《武威送刘单判官赴安西行营，便呈高开府》中写道："军中宰肥牛,堂上罗羽觞。"元稹在《田家词》中写道:"驱牛驾车食牛肉,归来攸得牛两角。"

但是牛与羊的性质并不完全等同,牛还是农业耕作当中重要的生产工具,所以尽管诗人们在诗歌中尽情描写了人们享用牛肉的口腹之欲,却并不能掩盖唐代官方限制宰杀牛的现实。《唐律疏议》卷十五"故杀官私牛马"中记载,唐代故意杀死牛马的要判处一年半的徒刑,理由是:"官私牛马,为用处重,牛为耕稼之本,马即致远供军。"同样的措辞亦见于唐武宗的诏书之中,《旧唐书·宣宗纪》中记载了当时甚至规定在郊庙祭祀活动中被用作牺牲的牛也要换作其他动物。此种情况反映了唐人在食用牛肉一事上比较复杂的特殊情况。

也因为此种特殊情况造就出一些独特的典故逸闻。譬如张鷟在《朝野金载》中记载,当时的御史严升期特别喜欢吃牛肉,他巡查江南时,所到之处都宰牛供应,导致江南的牛肉价格猛涨。于是他被百姓称作"金牛御史"。诗圣杜甫的死因也与牛肉有关系,史书记载杜甫晚年流寓于耒阳的一条小舟上,贫病交加,饥馁许久,耒阳县令崇拜杜甫,遂派人送来牛肉和酒,杜甫吃后便去世了。于是有学者怀疑杜甫是因为饱食牛肉而撑死的。

留别岑参兄弟（《全唐诗》卷一百四十）

王昌龄

江城建业楼，山尽沧海头。副职守兹县，东南棹孤舟。^①

长安故人宅，秣马经前秋。便以风雪暮，还为纵饮留。

貂蝉七叶贵，鸿鹄万里游。何必念钟鼎，所在烹肥牛。^②

为君啸一曲，且莫弹箜篌。徒见枯者艳，谁言直如钩。

岑家双琼树，腾光难为俦。谁言青门悲，俯期吴山幽。^③

日西石门峤，月吐金陵洲。追随探灵怪，岂不骄王侯。^④

【注释】

①建业：今江苏南京的古称之一。

②貂蝉七叶贵：汉代中常侍官的官帽上通常插上貂的尾做装饰，金日磾从汉武帝到汉平帝七代皆做到中常侍，故用七叶貂形容显贵。

③青门：汉代长安城东南门颜色是青色，故得名青门，后来代指都城城门。

④石门峤：石门山。

将进酒（《全唐诗》卷一百六十二）

李白

君不见黄河之水天上来，奔流到海不复回。

君不见高堂明镜悲白发，朝如青丝暮成雪。

人生得意须尽欢，莫使金樽空对月。

天生我材必有用，千金散尽还复来。

烹羊宰牛且为乐，会须一饮三百杯。

岑夫子，丹丘生，将进酒，杯莫停。①

与君歌一曲，请君为我倾耳听。

钟鼓馔玉不足贵，但愿长醉不复醒。

古来圣贤皆寂寞，惟有饮者留其名。

陈王昔时宴平乐，斗酒十千恣欢谑。②

主人何为言少钱，径须沽取对君酌。

五花马、千金裘。③

呼儿将出换美酒，与尔同销万古愁。

【注释】

①岑夫子：岑勋，南阳人，李白好友。丹丘生：诗人的朋友元丹丘，是当时有名的隐士。

②陈王：指三国时曹操之子曹植，是当时著名诗人，被封为陈思王。

③五花马：唐人喜爱将马鬃毛剪成瓣做装饰，有三瓣、五瓣之别。五瓣的即是五花马。

武威送刘单判官赴安西行营，便呈高开府（《全唐诗》卷一百九十八）①

岑参

热海亘铁门，火山赫金方。白草磨天涯，湖沙莽茫茫。②

夫子佐戎幕，其锋利如霜。中岁学兵符，不能守文章。③

功业须及时，立身有行藏。男儿感忠义，万里忘越乡。

孟夏边候迟，胡国草木长。马疾过飞鸟，天穷超夕阳。

都护新出师，五月发军装。甲兵二百万，错落黄金光。

扬旗拂昆仑，伐鼓震蒲昌。太白引官军，天威临大荒。④

西望云似蛇，戎夷知丧亡。浑驱大宛马，系取楼兰王。

曾到交河城，风土断人肠。寒驿远如点，边烽互相望。

赤亭多飘风，鼓怒不可当。有时无人行，沙石乱飘扬。

夜静天萧条，鬼哭夹道傍。地上多髑髅，皆是古战场。

置酒高馆夕，边城月苍苍。军中宰肥牛，堂上罗羽觞。⑤

红泪金烛盘，娇歌艳新妆。望君仰青冥，短翮难可翔。

苍然西郊道，握手何慨慷。

【注释】

①武威：唐代设置武威郡，郡治在今甘肃省武威市。刘单判官：刘单是天宝二年状元，与岑参是好友，判官是辅助长官处理政事的僚属。安西行营：唐代在西域设置有安西都护府，行营是军队出征作战的临时驻地。高开府：指唐代名将高仙芝，

曾经授官开府仪同三司，高仙芝此时做安西行营节度使，刘单在其属下做判官。

②热海：伊塞克湖，在今吉尔吉斯斯坦境内。铁门：铁门关，在焉耆（今新疆焉耆县）西五十里。火山：又名火焰山，在今新疆吐鲁番。

③兵符：谓兵书。

④蒲昌：蒲昌海，即今新疆罗布泊。

⑤羽觞：耳杯，因两旁有耳似羽翼，故名。

《田家词》（《全唐诗》卷四百一十八）

元稹

牛咤咤，田确确，^①

旱块敲牛蹄趵趵。种得官仓珠颗谷，

六十年来兵簇簇，月月食粮车辘辘。

一日官军收海服，驱牛驾车食牛肉，

归来攸得牛两角。重铸锄犁作斤劚，

姑舂妇担去输官，输官不足归卖屋。^②

愿官早胜仇早覆，农死有儿牛有犊，

誓不遣官军粮不足。

【注释】

①咤咤：形容牛劳累过度喘气的声音。确确：田地干硬的样子。

②输官：向官府交赋税。

香气冲鼻的鱼鲊

在介绍饼的时候我们引用过王维的一句诗："江乡
鲭鲊不寄来，秦人汤饼那堪许。"很显而易见的是，此
诗句在汤饼之外还写到了另外一种食物——"鲭鲊"。
鲭是鲭鱼，鲊则是将鱼腌渍后的食品，大约是将鱼切
块后加酒腌渍，再撒上一些米饭而成。而且从王维诗
的意思判断，这种鲭鲊应当比汤饼更加好吃。当然这
也并非王维的一家之言，还有许多唐代诗人都曾在诗
句里写过这种美食，譬如白居易《桥亭卯饮》："就荷叶
上包鱼鲊，当石渠中浸酒瓶。"李频《及第后还家过岘
岭》："石斑鱼鲊香冲鼻，浅水沙田饭绕牙。"皮日休《奉
和鲁望四月十五日道室书事》中写道："竹叶饮为甘露
色，莲花鲊作肉芝香。"此皆写出鲊之鲜美可口。再根
据韩翃的两句诗"卖鲊市中何许人，钓鱼坐上谁家子。"
我们可知道，这种叫作鲊的食物是可以在市场上买卖
的。《唐语林》卷六记载："方干貌陋唇缺，味嗜鱼鲊。"
又《江南野史》记载："陈陶所居不与俗接，唯嗜鲊，一
啖或至十商。"似此之类可知鲊是一般民间都可以享用
的食物。

然不唯如此，宫廷贵胄仿佛亦喜爱此种食物，《新唐书》第二百〇八卷《宦者传下》记载："时财用窦短，帝辄所御膳赐全诲等，三让。帝曰：'难得时欲同味耳。'茂贞食鲊美，帝曰：'此后池鱼。'茂贞曰：'臣养鱼以候天子。'闻者皆骇。于是全忠军攻东城焚桥鏖战。"朱全忠反叛朝廷，唐昭宗逃难至凤翔时，仍然不忘用鱼做鲊，可见鱼鲊也深得宫廷中人的喜爱，甚至在颠沛动荡的时候仍要供应给天子。宫廷御膳所做的鲊甚至有别的动物肉。例如，段成式《酉阳杂俎》卷一记载安禄山得宠时曾经获得过许多赏赐的物品，内中即有"野猪鲊"，这可能是将野猪肉用做鲊的方式加工而成的美味佳肴。在唐代以前还有用蚌之肉做鲊的。《文选》六臣注第六十卷引用了《南方异物记》曰："采珠人以珠肉作鲊也。"张鷟《龙筋凤髓判》卷下记载："庖官既掌兔鬐，实司蛟鲊鸽寒四兽之腊，罔不留心。"《南方异物记》是南北朝人的著作，记载当时一些殊方异物。《龙筋凤髓判》是张鷟写的唐代与司法相关的事情，所云庖官是指唐代皇家的庖官，其职司之中亦有"鲊"。

赠别华阴道士（《全唐诗》卷二百四十三）

韩翃[①]

紫府先生旧同学，腰垂彤管贮灵药。[②]

耻论方士小还丹，好饮仙人太玄酪。^③

芙蓉山顶玉池西，一室平临万仞溪。

昼洒瑶台五云湿，夜行金烛七星齐。

回身暂下青冥里，方外相寻有知已。

卖鲊市中何许人，钓鱼坐上谁家子。

青青百草云台春，烟驾霓衣白角巾。

露叶独归仙掌去，回风片雨谢时人。^④

【注释】

①韩翃：字君平，南阳（今河南南阳市）人，"大历十才子之一"。

②紫府：道家对神仙居处称名曰紫府。

③小还丹：道家炼丹术里的一种丹药。太玄酪：《汉武内传》里记载西王母有太玄酪，这里意指神仙的酒浆。

④仙掌：汉武帝曾观察西岳华山有山峰似仙人的手掌。

桥亭卯饮（《全唐诗》卷四百五十一）

白居易

卯时偶饮斋时卧，林下高桥桥上亭。^①

松影过窗眠始觉，竹风吹面醉初醒。

就荷叶上包鱼鲊，当石渠中浸酒瓶。

生计悠悠身兀兀，甘从妻唤作刘伶。^②

【注释】

①卯时：中国古代将一日分为十二个时辰，用十二地支计数，每一个时辰相当于今日两个小时，卯时是上午五时到七时。

②兀兀：劳苦之意。刘伶：刘伶是魏晋时代"竹林七贤"之一，嗜好饮酒。《晋书》记载："尝渴甚，求酒于其妻。妻捐酒毁器，涕泣谏曰：'君酒太过，非摄生之道，必宜断之。'伶曰：'善！吾不能自禁，惟当祝鬼神自誓耳。便可具酒肉。'妻从之。伶跪祝曰：'天生刘伶，以酒为名。一饮一斛，五斗解酲。妇儿之言，慎不可听。'仍引酒御肉，隗然复醉。尝醉与俗人相忤，其人攘袂奋拳而往。伶徐曰：'鸡肋不足以安尊拳。'其人笑而止。"

奉和鲁望四月十五日道室书事（《全唐诗》卷六百一十三）

皮日休

望朝斋戒是寻常，静启金根第几章。①

竹叶饮为甘露色，莲花鲊作肉芝香。

松膏背日凝云磴，丹粉经年染石床。②

剩欲与君终此志，顽仙唯恐鬓成霜。③

【注释】

①金根：道教的一本典籍《金根经》。

②松膏：松脂。丹粉：谓炼丹的粉末。

③顽仙：愚笨的神仙，或指初得仙道者。

馋人几百年的鲈鱼鲙

诗仙李太白在《秋下荆门》中写道:"此行不为鲈鱼鲙,自爱名山入剡中。"又有一首关于鲈鱼鲙的词曾被选入我们的高中语文教材,那便是宋代大词人辛弃疾的名篇《水龙吟·登建康赏心亭》,诗中写道:"休说鲈鱼堪脍,尽西风,季鹰归未?"可见鲈鱼鲙必定是一道特别的美味佳肴,否则也不至于令两位大文豪都念念不忘。脍是切得细、切得薄的鱼、肉,除过李白、辛弃疾笔下写到的鲈鱼脍,别的鱼也可以做成脍,譬如白居易在《松江亭携乐观渔宴宿》中写道:"朝盘鲙红鲤,夜烛舞青娥。"孟浩然在《岘潭作》中写道:"试垂竹竿钓,果得槎头鳊。美人骋金错,纤手脍红鲜。"韩翃在《送蓨县刘主簿楚》中写道:"金盘晓鲙朱衣鲋,玉簟宵迎翠羽人。"韩诗中的"鲋"是我们今日所称呼的鲫鱼。那么,在这几首诗中我们可以看到,鲈鱼、鲤鱼、鳊鱼、鲫鱼都可以做成鱼脍供人享用。这几种鱼脍也基本上是唐人鱼脍的主要品类,这点在其他诗人的诗句中可以得到佐证,譬如开元年间诗人刘长卿《颍川留别司仓李万》:"槐暗公庭趋小吏,荷香陂水脍鲈鱼。"(《全唐诗》卷一百五十一)又如杜甫《陪郑广文游何将军山林》诗中写道："鲜鲫银丝脍，香芹碧涧羹。"

而将鱼加工为鱼脍在唐代似乎也是随处可以见到的现象，首先是职业厨师，再有王公大臣，还有身份低贱的童仆似乎都精通此技艺。譬如杜甫诗《观打鱼歌》："饔子左右挥双刀，脍飞金盘白雪高。"诗歌中的"饔子"便是专业厨师，又叫作"饔人"，譬如《阌乡姜七少府设脍戏赠长歌》："饔人受鱼鲛人手，洗鱼磨刀鱼眼红。"又《旧唐书·李纲传》记载："有进生鱼于建成者，将召饔人作脍，时唐俭、赵元楷在座，各自赞能为脍，建成从之。"李建成是当时的皇帝之子，唐俭、赵元楷皆是此时的名臣，官阶较高，此片段中二位高官在世子面前各自夸扬自己做鱼脍的本领，首先当然是想出风头表现自己；从另一角度看，反映出做鱼脍在社会上层也属于较为寻常的技艺。甚至连小童仆都掌握了此项本领，诗人丘为在《湖中寄王侍御》写道："小僮能脍鲤，少妾事莲舟。"

正如我们在本文开头提到的宋代大词人辛弃疾的词所显示的那样，脍不单单在唐代流行，美味必定可以经得住时间的筛选，所以宋代以及后代，鱼脍依旧得到了人们的喜爱，像宋代大文豪苏东坡、明代诗人侯方域等都在自己的诗文中赞美过这种佳肴。并且鱼脍甚至走出了国门，越过茫茫海洋，登上日本民众的饭桌，时至今日，生鱼片依然是日本料理的重要组成部分。

秋下荆门（《全唐诗》卷一百八十一）

李白

霜落荆门江树空，布帆无恙挂秋风。①

此行不为鲈鱼脍，自爱名山入剡中。②

【注释】

①荆门：荆门山，在今日湖北省宜都县的西北，长江在其北，形势险要，古来便是蜀、楚的咽喉。李白另外还有一首写荆门的名作《渡荆门送别》。

②鲈鱼脍：此鲈鱼脍一方面有实指之意，另一方面与上一句之"挂秋风"合在一起则是用了西晋文士张翰的典故。《晋书·张翰传》记载："翰因见秋风起，乃思吴中菰菜、莼羹、鲈鱼脍，曰：'人生贵适志，何能羁宦数千里，以邀名爵乎？'遂命驾而归。"李白另有一首《行路难》诗中写道："君不见吴中张翰称达生，秋风忽忆江东行。且乐生前一杯酒，何须身后千载名？"剡中：指的是浙江省剡县一代，此地名山较多。

松江亭携乐观渔宴宿（《全唐诗》卷四百四十七）

白居易

震泽平芜岸，松江落叶波。①

在官常梦想，为客始经过。

水面排罾网，船头簇绮罗。

朝盘鲙红鲤，夜烛舞青娥。

雁断知风急，潮平见月多。

繁丝与促管，不解和渔歌。

【注释】

①震泽：太湖的古称之一。松江：吴淞江，是太湖最大的支流，唐宋时在此建有亭名"松江亭"。

岘潭作（《全唐诗》卷一百五十九）①

孟浩然

石潭傍隈隩，沙岸晓夤缘。

试垂竹竿钓，果得槎头鳊。②

美人骋金错，纤手脍红鲜。③

因谢陆内史，莼羹何足传。④

【注释】

①岘潭：岘指的是岘山，在今日湖北省襄阳市。孟浩然当时隐居在此，另有诗《夜归鹿门歌》亦是写此地。

②槎头鳊：襄阳一带的名菜。据史料记载，南北朝时便已然有此菜肴。

③金错：金错刀，此处用作宰割烹饪鱼肉的工具。

④陆内史：谓西晋平原内史陆机。

五代·顾闳中 《韩熙载夜宴图》

五代·顾闳中 《韩熙载夜宴图》

五代·顾闳中 《韩熙载夜宴图》

颍川留别司仓李万（《全唐诗》卷一百五十一）①

刘长卿

故人早负干将器，谁言未展平生意。②

想君畴昔高步时，肯料如今折腰事。③

且知投刃皆若虚，日挥案牍常有馀。

槐暗公庭趋小吏，荷香陂水脍鲈鱼。

客里相逢款话深，如何歧路剩沾襟。

白云西上催归念，颍水东流是别心。

落日征骖随去尘，含情挥手背城闉。④

已恨良时空此别，不堪秋草更愁人。

【注释】

①司仓：县级官吏，负责财政税收等事。

②干将：春秋时期铸剑名家。

③折腰事：用陶渊明"不为五斗米折腰"典故。

④城闉（yīn）：古代城门外瓮城的门。

陪郑广文游何将军山林十首（其二）（《全唐诗》卷二百二十四）①

杜甫

百顷风潭上，千章夏木清。

卑枝低结子，接叶暗巢莺。

鲜鲫银丝脍，香芹碧涧羹。

翻疑柁楼底，晚饭越中行。②

【注释】

①郑广文：郑虔，荥阳人，唐玄宗爱其才，因而为之置广文馆，命为博士，故世称郑广文。何将军山林：在长安韦曲西，俗呼为塔陂。此诗写于诗人和朋友郑虔应何将军邀请前往游玩山林期间。

②柁楼：南方一种大船的尾部。

脍炙人口

今日我们有一个成语叫作"脍炙人口"，它的意思是东西很好而受到人们的喜爱与称赞。脍与炙都是食物。前面我们已经展示了脍在唐代饮食世界中的面貌，这里则来介绍炙。严格说来，炙并非某种具体的食物，它属于肉类的加工、烹饪方式，宋代类书《太平广记》卷四百四十三引用《鄱阳记》中记载："有李婴者，与弟缘皆善用弩。曾射得一麈，解其四脚，悬置树间，剖以为炙，列于火上。方欲共食。忽见山下有一神人，长三丈许，鼓步而来，手持大囊，既至，悉敛肉及皮骨，并列火上者于囊中，径还山去。婴与弟缘惊骇，莫知所措，亦竟无他焉。"通俗地说，炙正如由它组成的一个词语"炙烤"一样，它的意思就是将肉类用火烤熟。大概形同我们今日的烤肉一类的食物。

　　既然炙只是一种烹饪方式，那么由此种方式加工的肉类应当多种多样。那么唐代的炙究竟有哪些品种呢？从诗歌里面我们大约得以窥见其基本内容。陆龟蒙《奉酬袭美先辈初夏见寄次韵》写道："何须乞鹅炙，岂在斟羊羹。"鹅炙之美味或许的确排在诸多其他炙之前。韩翃《送丹阳刘太真》中亦写道："下箸已怜鹅炙美，开笼不奈鸭媒娇。"李白在《秋猎孟诸夜归，置酒单父东楼观妓》中写道："鹰豪鲁草白，狐兔多肥鲜。邀遮相驰逐，遂出城东田。一扫四野空，喧呼鞍马前。归来献所获，炮炙宜霜天。"无论是鹅肉还是狐狸、兔子，都是小型动物。此外，唐人亦用大型动物肉来做炙，譬如段成式的笔记著作《酉阳杂俎》卷七记录了两句诗曰："将军曲良翰，能为驴鬃驼峰炙。"（按："峰炙"别本写作"驼峰"）鬃是一种马的名称，可见驴与马以及骆驼都可以用来炙烤。又有岑参《酒泉太守席上醉后作》诗里写道："浑炙犁牛烹野驼。"如果说小至鹅、兔，大如驴、马、骆驼、犁牛都可以炙烤，那么我们可以推测几乎一切的动物肉都可以使用炙烤来加工。事实上，史料里确实记载了像猪、羊这种中等的禽畜被炙烤。唐人戴孚的《广异记》中记载了："上元中，临淮诸将等乘夜宴集，燔炙猪羊，芬馥备至。有一巨手从窗中入，言乞一脔。众皆不与，频乞数四。终亦不与。"（见《太平广记》卷五百"临淮将"）此故事极富传奇色彩，然从中可以反映出两点信息：一是唐人用炙烤来处理猪、羊；二是这种猪羊炙非常可口美味，所以作者才会想象出一只前来讨取的手，再三乞求而众人始终不给予。此则故事通过虚构，侧面衬托出这种食物的美妙。似乎比某些诗句的直接描写更加令人印象深刻。

奉酬袭美先辈初夏见寄次韵（《全唐诗》卷六百一十七）[①]

陆龟蒙

积雨晦皋圃，门前烟水平。蘋蘅增遥吹，枕席分余清。
村旆诧酒美，赊来满铿程。未必减宣子，何羡谢公荣。
借宅去人远，败墙连古城。愁鸱占枯柿，野鼠趋前楹。
昨日云破损，晚林先觉晴。幽篁倚微照，碧粉含疏茎。
蠹简有遗字，炊琴无泛声。蚕寒茧尚薄，燕喜雏新成。
览物正摇思，得君初夏行。诚明复散诞，化匠安能争。
海浪刷三岛，天风吹六英。洪崖领玉节，坐使虚音生。
吾祖傲洛客，因言几为伧。末裔实渔者，敢怀干墨卿。
唯思钓璜老，遂得持竿情。何须乞鹅炙，岂在斟羊羹。
畦蔬与瓮醙，便可相携迎。蟠木几甚曲，笋皮冠且轻。
闲心放羁靮，醉脚从欹倾。一径有余远，一窗有余明。

秦皇苦不达，天下何足并？

【注释】

①袭美：皮日休，字袭美，号逸少，曾居襄阳鹿门山、号鹿门子，复州竟陵（今湖北天门）人，晚唐诗人，与陆龟蒙是齐名的诗友，时人号称"皮陆"。

秋猎孟诸夜归，置酒单父东楼观妓（《全唐诗》卷一百七十九）

李白

倾晖速短炬，走海无停川。

冀餐圆丘草，欲以还颓年。

此事不可得，微生若浮烟。

骏发跨名驹，雕弓控鸣弦。

鹰豪鲁草白，狐兔多肥鲜。

邀遮相驰逐，遂出城东田。

一扫四野空，喧呼鞍马前。

归来献所获，炮炙宜霜天。

出舞两美人，飘飘若云仙。

留欢不知疲，清晓方来旋。

酒泉太守席上醉后作（节选）（《全唐诗》卷一百九十九）

岑参

琵琶长笛曲相和，羌儿胡雏齐唱歌。^①

浑炙犁牛烹野驼，交河美酒归叵罗。^②

三更醉后军中寝，无奈秦山归梦何。

【注释】

①胡雏：指的是胡人小孩。

②叵罗：酒杯。

饥者易食

聊以充饥的山果

重岩为屋橡为实

在唐代近三百年的历史进程中，太平时日其实并不长久，在唐代中期唐玄宗统治的时期，发生过一场改变了唐代社会的重大历史事件，这便是以安禄山与史思明为首的图谋颠覆李唐政权的安史之乱。毫不夸张地讲，这场长达八年的战乱不仅中断了如日中天的大唐盛世，而且扭转了中国古代帝制的发展趋势。

正因为这场破坏力极强的战争，我们不得不将目光从唐人日常的饮食转移到他们急难颠沛的处境里。看看在这种环境里面唐代人吃什么东西来活命，最有名的当数大诗人杜甫在安史之乱中写的诗，他在《乾元中寓居同谷县作歌七首》中写道："有客有客字子美，白头乱发垂过耳。岁拾橡栗随狙公。"关于杜甫在安史之乱中的处境，史书里也有记载。《新唐书》卷二○一《杜审言传》附《杜甫传》写道："关辅饥，辄弃官，客秦州，负薪采橡栗自给。"杜甫在名篇《北征》诗中也写到了途中山野里生长的橡栗："山果多琐细，罗生杂橡栗。或红如丹砂，或黑如点漆。雨露之所濡，甘苦齐结实。"此诗虽未写明他们逃难时直接以橡子做救命粮，但综合史书与杜甫别的诗作可以知道，他们所吃的橡实就是这种样貌的。

不光是在安史之乱的时候，平常饥荒的年月里，橡子也是人们充饥果腹的食物。张籍在《野老歌》诗中写道："岁暮锄犁傍空室，呼儿登山收橡实。"因为橡子是野生橡树的果实，所以闲暇的时候似乎都可以去采集回来作储备粮食之用。方干在《鉴湖西岛言事》中写道："岁计有时添橡实，生涯一半在渔舟。"初唐诗人崔融也有过与杜甫一样的经历，《新唐书》卷一一四《崔融传》中记载："会岁饥，拾橡实以饭。"张籍《董逃行》写道："重岩为屋橡为实。"可见是到了极度窘迫的时候，人已经住在岩穴里面，只能以橡子果腹。

橡树在秋天结果实，这时候贫寒人家便可以去山里捡拾橡子，加工以后储藏起来可以作为过冬的粮食。晚唐诗人皮日休写过一首《橡媪叹》，细致描写了一个捡拾橡子的老太婆辛苦的生活。诗里写秋深的时候橡子成熟，散落在荒草丛生的山岗上，一个弯腰驼背的黄发老太婆踩着清晨的寒霜爬上山岗，来拾取散落在地的不多的果实，要一会儿才能拾满一把，如果要装满一整筐则需要耗去一整天的工夫。采集以后，这些橡子要被放在烈日下暴晒，然后要蒸熟，如此方可作为整个冬天的粮食，要吃到来年春天。

橡子似乎还可以用来加工成饼。诗僧贯休在《闻无相道人顺世五首》中写道："惟餐橡子饼，爱说道君兄。"

乾元中寓居同谷县作歌七首（其一）（《全唐诗》卷二百一十八）①

杜甫

有客有客字子美，白头乱发垂过耳。

岁拾橡栗随狙公，天寒日暮山谷里。②

中原无书归不得，手脚冻皴皮肉死。

呜呼一歌兮歌已哀，悲风为我从天来。

【注释】

①乾元中寓居同谷县：乾元是唐肃宗年号，当时安史之乱爆发，杜甫离开长安前往秦州，经过同谷县，寓居有日，度过了十分困窘的生活，写作此一组诗歌（凡七首）。

②随狙公：《庄子·齐物论》里写过一个"狙公赋芋"的故事，讲一个养猴人（狙公）每日用橡子喂猴子，起初早晨给猴子三颗，晚上给四颗，猴子们很生气，于是狙公改为早上给四颗，晚上给三颗，猴子们便欢喜起来。这个故事后来产生了一个成语"朝

三暮四"，意指玩弄手段欺骗别人，又比喻反复无常。然而在诗句里诗人仅仅是用狙公给猴子们用橡子为食物这一典故。

野老歌（《全唐诗》卷三百八十二）

张籍

老农家贫在山住，耕种山田三四亩。

苗疏税多不得食，输入官仓化为土。

岁暮锄犁傍空室，呼儿登山收橡实。

西江贾客珠百斛，船中养犬长食肉。①

【注释】

①西江：在今江西九江一带，唐代属于江南西道，商业繁荣发达。斛：十斗为一斛。

鉴湖西岛言事（《全唐诗》卷五百一十五）①

方干②

慵拙幸便荒僻地，纵听猿鸟亦何愁。

偶斟药酒欺梅雨，却着寒衣过麦秋。③

岁计有时添橡实，生涯一半在渔舟。

世人若便无知己，应向此溪成白头。

【注释】

①鉴湖：在今浙江省绍兴市南。

②方干：字雄飞，死后门人私谥玄英先生，睦州桐庐县（今

浙江桐庐）人。应举不第，隐于会稽镜湖。晚唐著名的隐逸诗人。

③麦秋：指初夏。蔡邕《月令章句》里解释说，百谷都是以初生的时节为春，成熟的时候为秋季，所以麦秋指的是初夏。

橡媪叹（《全唐诗》卷六百〇八）

皮日休

秋深橡子熟，散落榛芜冈。伛偻黄发媪，拾之践晨霜。

移时始盈掬，尽日方满筐。几曝复几蒸，用作三冬粮。

山前有熟稻，紫穗袭人香。细获又精舂，粒粒如玉珰。

持之纳于官，私室无仓箱。如何一石余，只作五斗量！

狡吏不畏刑，贪官不避赃。农时作私债，农毕归官仓。

自冬及于春，橡实诳饥肠。吾闻田成子，诈仁犹自王。①

吁嗟逢橡媪，不觉泪沾裳。

【注释】

①田成子：春秋时期，陈国公子陈完流亡至齐国，改姓名为田完，在齐国逐渐发展壮大，曾经通过借贷的手段笼络民众，到齐简公时发动政变谋杀了简公，夺取了齐国的政权。

山家蒸栗暖

在上文中，我们已经看到了杜甫在《北征》诗中写及逃难路上吃的食物，他在诗里面除了橡子以外，还藏了另外一种东西："山果多琐细，罗生杂橡栗。"橡是橡，栗是栗，它们是两种东西。既然杜甫将此二物都写在诗里，可见栗与橡同样是可以用来充饥的。杜甫在别的诗里也写了这种食物，《遭田父泥饮美严中丞》中有句曰："如何拒邻叟？高声索果栗。"《野望因过常少仙》写道："入村樵径引，尝果栗皱开。"《从驿次草堂复至东屯二首》写道："山家蒸栗暖。"这些诗句中的栗似乎都扮演着果子或辅食的角色。恰恰说明了栗通常是在主食匮乏的时候发挥其作用。而且栗的生长环境多在山野，韦应物在《题从侄成绪西林精舍书斋》中写道："采栗玄猿窟，撷芝丹林峤。纻衣岂寒御，蔬食非饥疗。"岑参《冬夜宿仙游寺南凉堂呈谦道人》中写道："结宇向溪东。相识唯山僧，邻家一钓翁。林晚栗初拆，枝寒梨已红。"在《南邻》诗中，杜甫还将栗与另外一种贫寒时候的食物芋头放在一起写道："锦里先生乌角巾，园收芋栗未全贫。"

李白《夜泊黄山闻殷十四吴吟》写道："朝来果是沧洲逸，酤酒醍盘饭霜栗。"然而栗似乎与一般的果子又略有不同，李白《行路难》（其二）中写道："羞逐长安社中儿，赤鸡白雉赌梨栗。"在这里栗又是游戏的一种道具。又如李商隐《骄儿诗》里的："四岁知姓名，眼不视梨栗。"

大概粟确实是一种辅食，在日常生活里也会出现，或许并不如橡子那样非到山穷水尽的地步不会露面。它在特殊时节就会作为紧急食物。

遭田父泥饮美严中丞（《全唐诗》卷二百一十九）[①]

杜甫

步屧随春风，村村自花柳。田翁逼社日，邀我尝春酒。

酒酣夸新尹，畜眼未见有。回头指大男，渠是弓弩手。[②]

名在飞骑籍，长番岁时久。前日放营农，辛苦救衰朽。[③]

差科死则已，誓不举家走。今年大作社，拾遗能住否？[④]

叫妇开大瓶，盆中为吾取。感此气扬扬，须知风化首。

语多虽杂乱，说尹终在口。朝来偶然出，自卯将及酉。[⑤]

久客惜人情，如何拒邻叟？高声索果栗，欲起时被肘。

指挥过无礼，未觉村野丑。月出遮我留，仍嗔问升斗。

【注释】

①严中丞：指严武，字季鹰，任剑南节度使，封为郑国公，与杜甫非常亲密。

②渠：第三人称，他。

③飞骑：唐代羽林军中有飞骑兵，习用弓弩。长番：唐代兵制将兵士分作几番，次第轮番，长番即不轮换。

④大作社：古代在春秋两季有社祭的仪式活动。拾遗：杜甫任官左拾遗。

⑤自卯将及酉：古代用十二地支纪时，每一地支当今日的两小时，午夜十一点到一点为子时，卯时相当于上午五点到七点。

野望因过常少仙（《全唐诗》卷二百二十六）①

杜甫

野桥齐度马，秋望转悠哉。

竹覆青城合，江从灌口来。②

入村樵径引，尝果栗皱开。

落尽高天日，幽人未遣回。

【注释】

①常少仙：可能是诗人的朋友常征君，征君是隐逸之士，诗人另外有诗歌《寄常征君》。

②灌口：又名灌州，在今四川省，相传是二郎神的道场。

从驿次草堂复至东屯二首（其二）（《全唐诗》卷二百二十九）

杜甫

短景难高卧，衰年强此身。①

山家蒸栗暖，野饭射麋新。②

世路知交薄，门庭畏客频。

牧童斯在眼，田父实为邻。

①短景：景，同"影"，意味日光短，指时日不多或人生晚暮。

②射麋新：典故出自《左传》："麋兴于前，射麋丽龟。"

行路难（其二）（《全唐诗》卷一百六十二）

李白

大道如青天，我独不得出。

羞逐长安社中儿，赤鸡白雉赌梨栗。①

弹剑作歌奏苦声，曳裾王门不称情。②

淮阴市井笑韩信，汉朝公卿忌贾生。③

君不见昔时燕家重郭隗，拥篲折节无嫌猜。④

剧辛乐毅感恩分，输肝剖胆效英才。

昭王白骨萦蔓草，谁人更扫黄金台？⑤

行路难，归去来！

【注释】

①赤鸡白雉：古人常用斗鸡、走狗做赌博的游戏。

②弹剑作歌：战国时期，四公子之一的孟尝君曾有一个门客冯谖，刚开始孟尝君不了解他，他便常常弹着自己的宝剑唱歌："回去吧，回去吧！没有鱼吃；回去吧，回去吧！出门没有车。"曳裾王门：裾是长裙。曳裾王门意谓做王侯的门客。

③笑韩信：西汉的韩信是淮阴人，曾辅佐汉高祖刘邦建立了西汉政权，但是在他发迹之前却被人奚落藐视。忌贾生：贾

生是贾谊，他是洛阳人，二十多岁的时候曾得到汉文帝的召见，任命为博士，汉文帝向他咨询治理国家的策略。然而因为他太过年轻而不能令朝中大臣们心悦诚服。

④重郭隗：战国时期，燕昭王想要招揽天下的人才，郭隗向昭王进言，想要招揽天下的贤才，请先从我这个不起眼的郭隗开始吧。果然，天下人知道昭王对平平无奇的郭隗都青眼相加，于是许多大才如乐毅、邹衍、剧辛都从别的国家来投奔燕国。邹衍到燕国的时候，昭王亲自拿着扫帚（拥篲）在前面为他打扫，以示敬重。

⑤黄金台：黄金台在易水东南，昭王曾置千金于台上，以延请天下的人才。

骄儿诗（《全唐诗》卷五百四十一）

李商隐

衮师我骄儿，美秀乃无匹。文葆未周晬，固已知六七。①
四岁知姓名，眼不视梨栗。交朋颇窥观，谓是丹穴物。②
前朝尚器貌，流品方第一。不然神仙姿，不尔燕鹤骨。
安得此相谓？欲慰衰朽质。青春妍和月，朋戏浑甥侄。
绕堂复穿林，沸若金鼎溢。门有长者来，造次请先出。
客前问所须，含意下吐实。归来学客面，闱败秉爷笏。③
或谑张飞胡，或笑邓艾吃。豪鹰毛崱屴，猛马气佶傈。④
截得青筼筜，骑走恣唐突。忽复学参军，按声唤苍鹘。⑤

又复纱灯旁，稽首礼夜佛。仰鞭胃蛛网，俯首饮花蜜。

欲争蛱蝶轻，未谢柳絮疾。阶前逢阿姊，六甲颇输失。⑥

凝走弄香奁，拔脱金屈戌。抱持多反侧，威怒不可律。⑦

曲躬牵窗网，略唾拭琴漆。有时看临书，挺立不动膝。

古锦请裁衣，玉轴亦欲乞。请爷书春胜，春胜宜春日。⑧

芭蕉斜卷笺，辛夷低过笔。爷昔好读书，恳苦自著述。

憔悴欲四十，无肉畏蚤虱。儿慎勿学爷，读书求甲乙。⑨

穰苴司马法，张良黄石术。便为帝王师，不假更纤悉。⑩

况今西与北，羌戎正狂悖。诛赦两未成，将养如痼疾。

儿当速成大，探雏入虎窟。当为万户侯，勿守一经帙！

【注释】

①衮师：李商隐儿子名衮师，李商隐又有诗《杨本胜说于长安见小男阿衮》，诗中谓杨本胜："闻君来日下，见我最娇儿。"可知此儿深得诗人之爱。文葆：绣花的襁褓。周晬（zuì）：周岁。

②丹穴物：丹穴意谓山穴，丹穴物意谓非常不群。

③闹败：破门而入的意思。秉爷笏：唐人呼父亲为"爷"，笏是官员上朝手上所持的白板。

④张飞胡：三国时候的张飞胡须浓密。邓艾吃：邓艾也是三国时期的人物，有口吃的毛病。崴砺（zè lì）：高大险峻的样貌。佶傈（jí lì）：剽悍雄壮之意。

⑤箅箸：竹子。参军：唐代的参军戏是一种表演的娱乐活动。按声唤苍鹘：有人扮演参军、苍鹘的角色表演滑稽的对话，形

式大概类似今日的相声。

⑥六甲：古人用干支计数，里面有六个甲字打头的数目：甲子、甲戌、甲申、甲午、甲辰、甲寅。古人八岁入小学学习六甲五方的知识。

⑦屈戌：用在门窗上面的金属制作的锁子。

⑧春胜：春天到来的时候在纸上写下吉祥的语句以迎春，悬挂或张贴起来。

⑨甲乙：指科举考试的名次。

⑩穰苴司马法：司马穰苴是春秋时期非常精通兵法的人，写有兵法著作《司马穰苴兵法》；张良黄石术：张良是辅佐汉高祖建立西汉的著名谋士，他曾经得到黄石公授予一部书——《太公兵法》。

诗圣难以忘怀的岷山救急粮

我恋岷下芋

前文已经介绍过唐代诗人笔下的栗，此外还有一种辅食也会在急难时候被人们用来充饥——芋。橡子和栗主要是野生的（栗偶有人工种植的），芋与它们不完全相同，芋有很大一部分是人工种植的。王维《送梓州李使君》诗中写道："汉女输橦布，巴人讼芋田。"这是说巴蜀一带种植芋的会闹出官司。这一点在杜甫诗中也能看到，杜甫《赠别贺兰铦》中写道："乾坤尚风尘。悲歌鬓发白，远赴湘吴春。我恋岷下芋。"岷山一带的芋尤其令杜甫念念不能忘，杜甫《秋日夔府咏怀奉寄郑监审李宾客一百韵》也写过："紫收岷岭芋，白种陆池莲。"

之所以说芋也是急难时候的食物，也是因为如下的诗歌，杜甫《南邻》写道："锦里先生乌角巾，园收芋栗未全贫。"此句中芋和栗并称，而且说锦里先生未全贫。又如宋之问《游陆浑南山自歇马岭到枫香林以诗代书答李舍人适》:"粳稻远弥秀,粟芋秋新熟。"或许芋和粟是比较要紧的辅食,所以在水稻之后亦进入诗人眼中,出现在诗人笔下。高适在《涟上题樊氏水亭》里写道:"种稻长淮边。四时常晏如,百口无饥年。菱芋藩篱下。"水稻作为主食,芋作为补充的食物,可以保证百口之家不用挨饿。杜甫在《赠王二十四侍御契四十韵》也写了:"浪迹同生死,无心耻贱贫。偶然存蔗芋,幸各对松筠。粗饭依他日。"这些诗都说明芋是贫贱时候的粗茶淡饭。既然是粗茶淡饭,那么对于寺庙里的僧俗而言,芋应该是经常出现的食物。譬如岑参《晚发五渡》:"野寺夕阳边。芋叶藏山径。"王维《游感化寺》:"绕篱生野蕨,空馆发山樱。香饭青菰米,嘉蔬绿笋茎。誓陪清梵末。"王维《田家》:"夕雨红榴拆,新秋绿芋肥。饷田桑下憩。"

从王维的诗中可以知道,芋是可以用来做成羹饭的,而宋之问"粟芋秋新熟"与王维"新秋绿芋肥"说明芋的成熟时间是在秋天。又如元稹《酬翰林白学士代书一百韵》中写道:"芋羹真底可。"

送梓州李使君（《全唐诗》卷一百二十六）^①

王维

万壑树参天，千山响杜鹃。

山中一夜雨，树杪百重泉。

汉女输橦布，巴人讼芋田。^②

文翁翻教授，不敢倚先贤。^③

【注释】

①梓州：治所在今四川省绵阳市三台县。使君：对州郡长官的尊称。

②汉女输橦布：汉指刘备在蜀建立的蜀汉政权。橦布指的是蜀地用橦树花所织成的布匹。

③文翁：西汉时期的庐江人，于汉景帝年间在蜀郡做郡守，注重当地的风俗教化，极大地推动了四川地区的教育和文化发展。

晚发五渡（《全唐诗》卷二百）^①

岑参

客厌巴南地，乡邻剑北天。^②

江村片雨外，野寺夕阳边。

芋叶藏山径，芦花杂渚田。

舟行未可住，乘月且须牵。^③

【注释】

　　①五渡：有的版本写作"五溪"，即眉州青神县（今四川省青神县）东的五渡溪，地在嘉州北，所以有学者推测这首诗写于大历二年（767）诗人前往嘉州的途中。

　　②巴南地、剑北天：巴南泛指四川南部，剑指剑山。此句写五渡溪所处的位置。

　　③须牵：指拉纤。

游感化寺（《全唐诗》卷一百二十七）①

王维

翡翠香烟合，琉璃宝地平。

龙宫连栋宇，虎穴傍檐楹。

谷静唯松响，山深无鸟声。

琼峰当户拆，金涧透林明。

郫路云端迥，秦川雨外晴。②

雁王衔果献，鹿女踏花行。③

抖擞辞贫里，归依宿化城。④

绕篱生野蕨，空馆发山樱。

香饭青菰米，嘉蔬绿笋茎。

誓陪清梵末，端坐学无生。⑤

【注释】

　　①感化寺：又名感配寺，此诗作于诗人居辋川时。

②郧路：前往郧州的驿路，此路经过商山，道路纡曲，云雾盘生。秦川：陕西秦岭以北的关中平原一带。

③雁王：《大方便佛报恩经》里面记载，过去有一个国王想要吃大雁肉，便命令猎人去捕捉。当时正好有五百只大雁从天空飞过，雁王不小心落入猎网内，猎人正欲杀掉雁王，这时候竟然有另外一只大雁悲鸣吐血，来投向雁王，五百只大雁也在空中盘旋徘徊。于是猎人不忍杀死雁王，遂放掉了雁王，国王听说此事，也因此不再吃大雁肉。鹿女踏花：《杂宝藏经》记载，久远的过去仙山曾经有一个仙人，仙人常常在石头上小便，精气流堕在石头之间，后来有一只雌鹿来舐舐仙人便溺过的地方，居然怀孕并生下了一个相貌端正的女子，仙人知道这是自己的子女，于是抚养长大，鹿女长大后，脚所践踏的地方便生出莲花。诗人用佛经里的这两个典故是为了表现感化寺的灵妙神异。

④抖擞：梵语头陀的意译，去掉尘垢的意思。贫里：《法华经》里有一个穷子喻的故事，一个大富长者有一个独子，从小走失，在外流浪做了乞丐，某日乞丐无意中乞讨到长者家里，被富丽豪华惊吓得逃走，而长者却认出来这是自己的儿子，后来父子相认，小乞丐才醒悟原来自己出身高贵。此句用穷子来形容俗世的众生，贫里指诗人生活的人世间，现在进了佛寺，如同乞丐辞别了贫穷的地方而来到长者家。化城：《法华经》内有《化城喻品》，代指幻化的境界。

⑤清梵：指僧人诵经的声音。无生：佛教认为世间一切现

象都是无生无灭的、本来寂静的。

涟上题樊氏水亭（《全唐诗》卷二百一十二）①

高适

涟上非所趣，偶为世务牵。经时驻归棹，日夕对平川。

莫论行子愁，且得主人贤。亭上酒初熟，厨中鱼每鲜。

自说宦游来，因之居住偏。煮盐沧海曲，种稻长淮边。

四时常晏如，百口无饥年。菱芋藩篱下，渔樵耳目前。

异县少朋从，我行复迍邅。向不逢此君，孤舟已言旋。②

明日又分首，风涛还眇然。

【注释】

①题樊氏水亭：这首诗写于诗人天宝三载（744）游玩东南
的楚州一带将要还归之际。"涟上"与"樊氏"皆不详。

②迍邅：在困境中不得前进。

赠别贺兰铦（《全唐诗》卷二百二十）①

杜甫

黄雀饱野粟，群飞动荆榛。今君抱何恨，寂寞向时人。

老骥倦骧首，苍鹰愁易驯。高贤世未识，固合婴饥贫。②

国步初返正，乾坤尚风尘。悲歌鬓发白，远赴湘吴春。③

我恋岷下芋，君思千里莼。生离与死别，自古鼻酸辛。④

【注释】

①贺兰铦（xiān）：此诗或许写于广德二年（764）冬，贺兰铦是诗人的朋友，诗人还写过一首诗《寄贺兰铦》。

②合：应该。嬰：缠绕。

③国步初返正：唐代宗广德年间，安史之乱才结束不久，广德二年代宗还京。乾坤尚风尘：此时吐蕃尚未平定。

④千里莼：西晋著名文士陆机去拜见王武子，王武子用羊酪招待他，并问陆机他的家乡吴中有什么美味可以与羊酪相匹敌？陆机说："有千里莼羹，但是，没有添加盐和豆豉。"贺兰铦可能是从吴地来蜀地宦游的人。

贵胄珍馐

豪贵们吃的山珍海味

御厨丝络送八珍

唐代作为我国古代社会的巅峰，自然也具备古代社会许多共同的特征。我国古代社会首先就是存在阶级的不平等，统治阶层和被统治的底层民众身份上有云泥之别。而且这种不平等也体现在具体的生活层面上，穿衣吃饭自然也被包括于其中。尽管我们在本书里介绍了许多不分尊卑贵贱、大家都可以享用的食物，但是还是要认识到，底层的升斗小民肯定有许多无法企及的贵胄珍馐。这里面就有一个名词"八珍"，上到九五至尊的皇帝，下到官僚大臣，都在不同的诗篇中写过这组山珍海味。譬如唐明皇在描写兴庆宫中宴会的场面时即写道："玉斝飞千日，琼筵荐八珍。舞衣云曳影，歌扇月开轮。"这是给皇帝准备的宴会，他们的酒杯、餐具都是玉器做成的。旁边还有歌舞表演供皇帝和大臣们欣赏，大家享用的食物必然也是最顶级的。

杜甫的《丽人行》写杨家姐妹虢国夫人、秦国夫人等春季在长安的水边游玩的情景，里面也写道："黄门飞鞚不动尘，御厨络绎送八珍。"可见八珍首先是皇帝以及皇亲国戚们所享用的美味珍馐。

又有诗句显示出其他大臣也可以在某些场合吃上这种美味佳肴，薛据的《古兴》里写道："归来宴高堂，广筵罗八珍。仆妾尽绮纨。"写的是一个得志的官员在自己家中吃饭的事情。司空曙《长林令卫象饧丝结歌》里写道："乃言假使饧为之，八珍重沓失颜色。手援玉箸不敢持。"韩愈《荐士》里有句子曰："救死具八珍，不如一箪犒。"元稹《西凉伎》里也写道："哥舒开府设高宴，八珍九酝当前头。"白居易《题周皓大夫新亭子二十二韵》里有句子曰："置醴宁三爵，加笾过八珍。"这些句子里吃饭的对象明显不是皇帝或皇亲国戚，只是这些达官显贵们在设宴待客而已，可知"八珍"并不仅仅限于皇帝享用，别的高官贵族也可以吃到。大约只是因为这组八珍的食材珍贵、烹饪技艺精细，倒并不是等级制度中规定只有皇帝可以享受这项特权。

那么这组八珍究竟是哪些东西呢？在唐明皇和上引诸诗人的诗句里基本看不出来八珍的真实面貌，只是根据字面意思推测，它可能是由八种精美的食材组成的。白居易又在另外的两首诗歌里透露出了一些重要信息，白居易的《轻肥》里有句子曰："尊罍溢九酝，水陆罗八珍。"《和梦游春诗一百韵》里也写道："九酝备圣贤，八珍穷水陆。"由是我们可以明了，所谓的八珍既有陆地上的（比方牛羊之类属的），也有水里的（鱼虾一类的），然而说到底我们还是不能够更准确地知悉每一种是何物。当然这也绝非我们今日的过错，事实上，古人就已经昧于八珍所指之物了，赵建民先生的《中国菜肴文化史》里便说："唐代的八珍都是哪些食物？因为史料中记载不详，只能略知一二。"随即又将杜甫《丽人行》诗里面所写的紫驼之峰、素鳞罗列出来，接着又以唐代小说《游仙窟》为例，从中所得结论认为八珍是"龙肝凤髓、鸡腊雉膔"等。其实明代人已经对八珍产生了不同的说法，元末明初的陶宗仪在《南村辍耕录》卷九里写道："所谓八珍，则醍醐、麆沆、野驼蹄、鹿唇、驼乳糜、天鹅炙、紫玉浆、玄玉浆也，玄玉浆即马奶子。"俞安期的《唐类函》里介绍的八珍，说后世夸衍居多，认为是龙肝、凤髓、豹胎、鲤尾等。很明显，这里的龙肝、凤髓是出于夸张和想象的，而关于唐代诗歌里的八珍，恐怕也类似我们今日对"山珍海味"一词的使用与理解。我们只能说这是唐诗中最顶级、最华贵的美味珍馐了，而具体是哪些东西可能根本无法稽考出来。

长林令卫象饧丝结歌(《全唐诗》卷二百九十三)[①]

司空曙[②]

主人雕盘盘素丝,寒女眷眷墨子悲。乃言假使饧为之,八珍重沓失颜色。[③]

手援玉箸不敢持,始状芙蓉新出水。仰坼重衣倾万蕊,又如合欢交乱枝。

红茸向暮花参差,吴蚕络茧抽尚绝。细缕纤毫看欲灭,雪发羞垂倭堕鬟。[④]

绣囊畏并茱萸结,我爱此丝巧。妙绝世间无,为君作歌陈座隅。

【注释】

①卫象:贞元初年任长林县令,后来拜官荆南节度从事、检校侍御史,与司空曙、李端友善。长林:长林县,在荆州,后改名荆门县。饧丝结:饧是麦芽糖,饧丝结可能是糖类的食品,本诗即是详细描画这个食物的形状、颜色。

②司空曙:字文初,广平(今河北永年区)人,"大历十才子"之一。

③雕(diāo)盘:指雕刻有花纹的盘子。

④倭堕鬟:汉代至唐代时妇女的一种发髻样式,又名倭堕髻,发髻偏垂在一边,形状似堕马态,故又名堕马髻。

古兴（《全唐诗》卷二百五十三）

薛据①

日中望双阙，轩盖扬飞尘。鸣佩初罢朝，自言皆近臣。②

　光华满道路，意气安可亲。归来宴高堂，广筵罗八珍。

　仆妾尽绮纨，歌舞夜达晨。四时固相代，谁能久要津？

　已看覆前车，未见易后轮。丈夫须兼济，岂能乐一身。③

　　君今皆得志，肯顾憔悴人？

【注释】

　①薛据：盛唐诗坛著名诗人，与杜甫、王维、岑参等大诗人均有交游，开元年间与王维同榜进士，可惜一生仕途坎坷，所以本诗中末句说别人皆得志，而自己是憔悴人。

　②鸣佩：谓身上佩戴的玉饰品，比喻出仕。

　③兼济、乐一身：典出《孟子》，《孟子》曰："穷则独善其身，达则兼济天下。"

西凉伎（《全唐诗》卷四百一十九）

元稹

吾闻昔日西凉州，人烟扑地桑柘稠。①

　蒲萄酒熟恣行乐，红艳青旗朱粉楼。

　楼下当垆称卓女，楼头伴客名莫愁。②

　乡人不识离别苦，更卒多为沉滞游。

哥舒开府设高宴，八珍九酝当前头。③

前头百戏竞撩乱，丸剑跳踯霜雪浮。

狮子摇光毛彩竖，胡腾醉舞筋骨柔。④

大宛来献赤汗马，赞普亦奉翠茸裘。

一朝燕贼乱中国，河湟没尽空遗丘。⑤

开远门前万里堠，今来蹙到行原州。⑥

去京五百而近何其逼，天子县内半没为荒陬。⑦

西凉之道尔阻修，连城边将但高会。

每听此曲能不羞？

【注释】

①西凉州：在今日甘肃省，唐代设置西凉府都督。桑柘：桑树与柘木，代指农桑之事。

②当垆卓女：西汉时期司马相如的妻子卓文君曾经在成都市上当垆卖酒。

③哥舒开府：哥舒翰是唐代知名将领，龟兹人，复姓哥舒，天宝年间加封开府仪同三司、凉国公、河西节度使、西平郡王。丸剑跳踯：丸剑是古代一种杂技名，用具为丸（铃铛）和剑。

④赤汗马：汗血宝马。赞普：唐代称呼吐蕃的首领为赞普。翠茸裘：亦称翠云裘，用翠鸟的羽毛装饰而成的裘袍。

⑤燕贼乱中国：燕贼指安禄山，安禄山起兵于范阳，在燕地。

⑥开远门前万里堠：开远门是唐代长安城郭城北面最北的一座门，丝绸之路多从此出发。堠：原意是瞭望的土堡，后来

在边陲有作为制度性质的军事工程烽堠，每隔一段路程便建筑一座烽堠。行原州：唐代贞元年间迁徙到平凉的行州。

⑦去京五百：意谓西凉州距离长安城只有五百里。荒陬：指荒远的角落。

题周皓大夫新亭子二十二韵（《全唐诗》卷四百三十八）①

白居易

东道常为主，南亭别待宾。规模何日创，景致一时新。

广砌罗红药，疏窗荫绿筠。锁开宾阁晓，梯上妓楼春。

置醴宁三爵，加笾过八珍。茶香飘紫笋，脍缕落红鳞。②

辉赫车舆闹，珍奇鸟兽驯。猕猴看枥马，鹦鹉唤家人。③

锦额帘高卷，银花盏慢巡。劝尝光禄酒，许看洛川神。④

敛翠凝歌黛，流香动舞巾。裙翻绣鸂鶒，梳陷钿麒麟。

笛怨音含楚，筝娇语带秦。侍儿催画烛，醉客吐文茵。⑤

投辖多连夜，鸣珂便达晨。入朝纡紫绶，待漏拥朱轮。⑥

贵介交三事，光荣照四邻。甘浓将奉客，稳暖不缘身。⑦

十载歌钟地，三朝节钺臣。爱才心倜傥，敦旧礼殷勤。

门以招贤盛，家因好事贫。始知豪杰意，富贵为交亲。

【注释】

①周皓大夫：唐德宗时官员，曾经任官丹延鄜观察使。

②置醴宁三爵：《左传》"宣公二年"记载："臣侍君宴，过三爵，非礼也。"加笾：笾是古代盛放食物的容器和礼器。

③猕猴看枥马：古人认为在马厩里喂养猕猴，令猕猴照看马匹，可以辟恶、消除百病。

④洛川神：曹植曾写过名篇《洛神赋》一文，文中洛水之神十分美丽动人，此处用以代指周大夫的家妓。

⑤文茵：指带花纹的褥席。

⑥投辖、鸣珂：《汉书·游侠列传》记载，陈遵放纵不拘，嗜好饮酒，经常闭门招徕宾客宴饮，为了阻止宾客离开，便将车架上的零件辖偷偷投入井中，故陈遵投辖便成为嗜酒好客的典故。鸣珂指的是达官显贵骑乘之马多以玉装饰。

⑦贵介交三事：经典中有以公卿大臣所治之事为三事，譬如《尚书·大禹谟》："六府三事允治。"《逸周书·武穆》："敬惟三事，永有休哉。"又有说法认为，三事指代三公之职。此句里二意可通，用以描述周大夫身份高贵。

轻肥（《全唐诗》卷四百二十五）

白居易

意气骄满路，鞍马光照尘。借问何为者，人称是内臣。
朱绂皆大夫，紫绶或将军。夸赴军中宴，走马去如云。①
尊罍溢九酝，水陆罗八珍。果擘洞庭橘，脍切天池鳞。②
食饱心自若，酒酣气益振。是岁江南旱，衢州人食人。

【注释】

①朱绂、紫绶：唐代官制规定五品以上衣朱，紫绶一般认

为是印信上面紫色的绶带，亦有学者认为可以理解为紫袍，此句里皆是用衣带颜色表明人物身份。

②洞庭橘：洞庭湖的橘子在唐代比较有名。

和梦游春诗一百韵（节选）

白居易

…………

九酝备圣贤，八珍穷水陆。

秦家重萧史，彦辅怜卫叔。①

朝馈馈独盘，夜醪倾百斛。

…………

【注释】

①秦家重萧史：《列仙传》里记载，秦穆公时有人名萧史，善于吹箫，箫声能够将白鹤、孔雀引来庭院里，秦穆公便将公主弄玉嫁与萧史，萧史遂教弄玉学凤凰鸣叫。数十年后，果然招致了凤凰飞来，于是秦穆公为夫妇二人建造了凤台，二人就住在台上。数年后有一日，二人都同凤凰飞去。彦辅怜卫叔：卫叔指的是卫玠，是西晋时著名的美男子，彦辅是西晋清谈领袖乐广，字彦辅。当时卫玠在清谈方面甚得乐广的赏识，于是乐广将女儿嫁给卫玠。

王公贵族享用的琼浆佳酿

尊罍溢九酝

唐代诗人在写八珍时也经常提及九酝，譬如元稹《西凉伎》里有句子曰："哥舒开府设高宴，八珍九酝当前头。"白居易在《轻肥》中写道："尊罍溢九酝，水陆罗八珍。"在《和梦游春诗一百韵》里面写道："九酝备圣贤，八珍穷水陆。"这些句子提示读者，九酝大概是同八珍一样级别、层次的饮食。所以这里面自然少不了唐代皇帝们的御笔题诗了。唐中宗《九月九日幸临渭亭登高得秋字》诗序中交代："陶潜盈把，既浮九酝之欢。毕卓持螯，须尽一生之兴。"又如武则天在《大享昊天乐章》里面写过："尊浮九酝，礼备三周。陈诚菲奠，契福神歆。"当然也有不是皇帝的诗人在没有八珍的陪伴之下写起过这种九酝。譬如韦安石《梁王宅侍宴应制同用风字》里有句子曰："九酝倾钟石，百兽协丝桐。小臣陪宴镐，献寿奉维嵩。"这里依然是陪侍王侯，在酒宴上所见的奢华场面。除了这种与皇家相关的，九酝似乎在东南一带比较醇浓而有名气，韩翃的《送崔秀才赴上元兼省叔父》里写道："楚县九酝酿，扬州百花好。"

那么九酝又是何种东西呢？首先有一点可以确定无疑的是，从字面上推测这肯定是某种酒。那么又是哪种呢？事实上，九酝应该是一种加工技艺繁复精细的酒。而且它的产生与历史上鼎鼎大名的魏武帝曹操有关。建安元年（196），汉献帝被迫从长安迁都至曹操主导的许县。很快，曹操便向这位懦弱无权的皇帝进献了一篇疏文《奏上九酝酒法》。这篇疏文的大意是说许县过去有一个县令郭芝，他掌握了一种九酝春酒。具体的酝酿法子是：用三十斤酒曲，五石的流水，腊月二日清洗酒曲，到了正月便刚好解冻，再用上好的稻米，将酒曲上面的渣滓过滤掉，如此每三天投一次料，直到满九斛米为止，酿出来的酒哪怕是浮在上面的浑浊的部分也可以饮用，而且口味非常好。曹操又说，如果觉得九斛米酿造出来的苦涩，那可以增加到十斛。所以我们可以了解九酝的意思是指酝酿过程中用米九斛酿造出来的酒。大约是因为这样分批投料并且控制酿造时发酵的过程有助于酒的发酵，使酒发酵得更加到位，所以虽然它的原料只是稻米，却也可以造出佳酿来，引得数千年来的文人墨客为之倾倒。曹操提到的县令郭芝是南阳人，是东汉著名文学家、科学家。张衡在他的《南都赋》里面也提及了南阳的这个特产："酒则九酝甘醴，十旬兼清。"武则天的诗里所写的九酝酒是用于祭祀礼仪的，而唐中宗和其他诗人们笔下的九酝则是直接用来饮用或待客的。

送崔秀才赴上元兼省叔父（《全唐诗》卷二百四十三）[①]

韩翃

寒塘敛暮雪，腊鼓迎春早。匹马五城人，重裘千里道。[②]

淮山轻露湿，江树狂风扫。楚县九酝醵，扬州百花好。[③]

练湖东望接云阳，女市西游入建康。行乐远夸红布旆，风流近赌紫香囊。[④]

诗家行辈如君少，极目苦心怀谢朓。烟开日上板桥南，吴岫青青出林表。[⑤]

【注释】

①上元：唐代在南京下所设置的一个县。

②腊鼓：汉唐以来在腊月节时有敲击腊鼓以祛除疫鬼的仪式活动。重裘：与轻裘相对，意谓厚重的毛皮衣物。

③淮山：指江淮地区的山峦，因本诗是诗人为送崔秀才前往上元县而作，故诗中景致与地方皆是江南。楚县：楚县是春秋战国时期在东南所设立的行政机构，宋代诗人楼钥《送姜子谦

寄钟离》诗有句曰："濠梁自古扬州域，禹娶涂山城尚留。钟离虽尝作楚县，子男之国书春秋。"

④练湖东望接云阳：练湖是西晋时在丹阳修建的人工湖泊，唐代润州丹阳县旧称云阳县。女市：指的是妓院多的市肆，此句意谓建康城内青楼妓院众多。紫香囊：东晋谢安、谢玄家中的子弟爱佩戴紫罗香囊。

⑤谢朓：字玄晖，南北朝时期（南齐）的诗人，与大诗人谢灵运同族，人称"小谢"。诗人此句以谢朓比崔秀才，因谢朓与谢灵运相比行辈略低。

九月九日幸临渭亭登高得秋字（并序）（《全唐诗》卷二）

李显①

陶潜盈把，既浮九酝之欢。毕卓持螯，须尽一生之兴。人题四韵，同赋五言。其最后成。罚之引满。②

九日正乘秋，三杯兴已周。

泛桂迎尊满，吹花向酒浮。

长房萸早熟，彭泽菊初收。

何藉龙沙上，方得恣淹留。③

【注释】

①李显：唐中宗，唐高宗和武则天的第三子，前后两次做皇帝，年号有神龙、景龙。

②陶潜盈把：意谓像陶渊明一样于重阳节手握一把菊花。毕卓持螯：《世说新语》里记载毕卓吃螃蟹时，一手持酒杯，一手持蟹螯。

③龙沙上：指边塞大漠等地。《后汉书·班超传》记载西域有葱岭、雪山、白龙堆沙漠等地。

大享昊天乐章（第七）（《全唐诗》卷十）①

武则天

尊浮九酝，礼备三周。②

陈诚菲奠，契福神猷。③

【注释】

①大享昊天：一种祭天礼，昊天是古人对天的尊称。

②三周：典出自《礼记·婚礼》，本意是古人在婚礼过程中，迎亲的时候要新郎驾车，让车轮转三周，然后再交与驭者。本句的意思可能是皇帝在大享礼中或许也要先亲自执礼，以示敬意，然后再由专门的祭祀官员负责。

③神猷：神道。

梁王宅侍宴应制同用风字（《全唐诗》卷一百四十）①

韦安石②

梁园开胜景，轩驾动宸衷。③

早荷承湛露，修竹引薰风。④

九酝倾钟石，百兽协丝桐。

小臣陪宴镐，献寿奉维嵩。⑤

【注释】

①梁王：武三思。

②韦安石：本名安，字安石，京兆万年人，武则天到唐睿宗时代的宰相。

③宸衷：指帝王的心意。

④承湛露：《湛露》是《诗经》内君王与臣子宴饮时候君王所赋的诗歌。

⑤宴镐（hào）：语出《诗经·小雅·鱼藻》，形容帝王的宴会，指天下太平，君臣同乐。维嵩：形容山高之貌。

名笔所嗜

岑参诗歌里富有奇彩的食物

　　唐代是散发着异域气息的时代，就连我们最伟大的诗仙李白，一提起他的出生地，我们便不能忘记碎叶这个地名。事实上，这只是整个唐代中原与边远地带互通的代表性例子之一。中外交流是这个时期十分醒目的现象。这自然少不了一些深入边塞的诗人们，他们远离家乡，进入风沙凛冽的苦寒的边陲，描写了不少边陲的生活场景，这一类诗歌称为边塞诗。生活于盛唐的岑参即是写边塞诗鼎鼎有名的诗人。他曾经两度前往边塞施展抱负，也正是因此，岑参是盛唐时期写作边塞诗数量最多的诗人，而且岑参诗歌的题材和内容比较丰富，既有沙场的英雄和豪情，也不乏一些异域的景物和风情。食物自然也是少不了的。譬如《酒泉太守席上醉后作》里有："浑炙犁牛烹野驼，交河美酒归巨罗。"《玉门关盖将军歌》中写道："金铛乱点野酡酥。"又有《北庭西郊候封大夫受降回军献上》："胡地苜蓿美，轮台征马肥。"很显然，犁牛、野驼这些都非中原的物产。这些食物单单是从名称上看便与中原地区的不尽相同，岑参的笔下更是充斥着一种异域的色彩，这种色彩表现出奇异的特色，即便是他所写的并不属于饮食方面的诗句，也同样具有这种异域的奇彩。如《热海行送崔侍御还京》里有两句写热海里面的景象："海上众鸟不敢飞，中有鲤鱼长且肥。"《与独孤渐道别长句兼呈严八侍御》里有句曰："桂林蒲萄新吐蔓，武城刺蜜未可餐。"葡萄是汉代时从西域传入中原地区的，刺蜜是骆驼刺中的分泌物结成的糖粒。甚至所写的不是边塞的事物，他也倾向于用边塞之物作譬喻和观察，如《与鲜于庶子泛汉江》中写道："酒光红琥珀。""酒光红琥珀"写的又像是西域的葡萄酒，然而这首诗题已经交代了这是诗人与友人在汉江上面泛舟，分明不是在边塞，然而从诗人眼中看来却像是置身于胡姬歌舞所在的边塞酒筵上。好像他笔下的酒就应该是显出琥珀红光泽的葡萄美酒，他笔下的肉类就应该是犁牛或野驼。对于常年生活在中原的唐代百姓而言，这岂不是闪耀着奇彩吗？

这种奇彩当然是与岑参一贯的诗歌风格保持一致的。正如陈铁民先生在《高适岑参诗选评》中所说的："岑参的诗歌，有着自己的独特风格，殷璠《河岳英灵集》卷上说：'岑诗语奇体峻，意亦造奇。'《河岳英灵集》选的是天宝十二载以前诸家的作品，那时岑参的边塞诗尚未大量创作和流传，集中也一首未收录，所以这一评语主要是针对岑参早期诗作而发的。……善于发现并刻画出自然景物的奇处，具有造意奇、用语亦奇的特色。岑参早期诗歌所显露出来的这种特色，在边塞之作品中有了进一步的发展和变化。"可见岑参诗尚奇的特征早已经得到古今研究者的印证了。他诗歌里的食物当然也笼罩在他这种趣味和艺术追求之下。所以我们会看到岑参诗篇里的食物呈现出这样一种形象。当然，岑诗的这种奇彩与韩愈的奇怪又不相同。

玉门关盖将军歌（《全唐诗》卷一百九十九）①

盖将军，真丈夫。行年三十执金吾，身长七尺颇有须。②

玉门关城迥且孤，黄沙万里白草枯。南邻犬戎北接胡，将军到来备不虞。③

五千甲兵胆力粗，军中无事但欢娱。暖屋绣帘红地炉，织成壁衣花氍毹。④

灯前侍婢泻玉壶，金铛乱点野酡酥。紫绂金章左右趋，问着只是苍头奴。⑤

美人一双闲且都，朱唇翠眉映明矑。清歌一曲世所无，今日喜闻凤将雏。⑥

可怜绝胜秦罗敷，使君五马谩踟蹰。野草绣窠紫罗襦，红牙缕马对樗蒲。⑦

玉盘纤手撒作卢，众中夸道不曾输。枥上昂昂皆骏驹，桃花叱拨价最殊。⑧

骑将猎向城南隅，腊日射杀千年狐。我来塞外按边储，为君取醉酒剩沽。

醉争酒盏相喧呼，忽忆咸阳旧酒徒。

【注释】

①玉门关：在今甘肃省安西县双塔堡附近，为河西走廊最西端。

②盖将军：疑是河西军马使盖廷伦。执金吾：原本是汉代官名，掌管一部分禁军，巡守京城，唐代设置左右金吾卫将军。

③犬戎：居住在甘肃、陕西的游牧部落，此处或泛称古代在我国西北一代的少数民族。

④氍毹（qú shū）：铺在地上的地毯，后来代指戏曲舞台。

⑤紫绶：高级官员系印章的绶带。苍头奴：奴仆的通称。

⑥闲且都："闲"通"娴"，都意谓美好。

⑦红牙缕马对樗蒲：樗蒲是古代游戏名，牙和马大概指称这种游戏的用具，或由象牙制成马形，此处几句皆是写美人的活动。

⑧桃花叱拨：一种良马。

北庭西郊候封大夫受降回军献上(《全唐诗》卷一百九十八)①

胡地苜蓿美，轮台征马肥。大夫讨匈奴，前月西出师。

甲兵未得战，降虏来如归。橐驼何连连，穹帐亦累累。②

阴山烽火灭，剑水羽书稀。却笑霍嫖姚，区区徒尔为。③

西郊候中军，平沙悬落晖。驿马从西来，双节夹路驰。

喜鹊捧金印，蛟龙盘画旗。如公未四十，富贵能及时。

直上排青云，傍看疾若飞。前年斩楼兰，去岁平月支。

天子日殊宠，朝廷方见推。何幸一书生，忽蒙国士知。

侧身佐戎幕，敛衽事边陲。自逐定远侯，亦着短后衣。④

近来能走马，不弱并州儿。⑤

【注释】

①封大夫受降回军献上：此诗与《走马川行奉送封大夫出师西征》以及《轮台歌》所写是同一事，后两首是出兵时所作，本诗是胜利回军以后称贺所作。封大夫名常清，唐玄宗时期名将，天宝年间，高仙芝任河西节度使，封常清任节度判官，后来被授官御史大夫、权知北庭都护。

②橐驼：骆驼。

③霍嫖姚：指汉武帝时代名将霍去病，被封为嫖姚校尉。曾经大破匈奴，被封为冠军侯。

④定远侯：指的是东汉的班超，曾经投笔从戎，出使西域，

被封为定远侯。短后衣：武人所着的衣服，前长后短，便于骑马。

⑤并州儿：唐代并州多出英勇的男儿。并州在今山西一代。

热海行送崔侍御还京（《全唐诗》卷一百九十九）①

侧闻阴山胡儿语，西头热海水如煮。

海上众鸟不敢飞，中有鲤鱼长且肥。

岸旁青草常不歇，空中白雪遥旋灭。

蒸沙烁石燃房云，沸浪炎波煎汉月。

阴火潜烧天地炉，何事偏烘西一隅。

势吞月窟侵太白，气连赤坂通单于。②

送君一醉天山郭，正见夕阳海边落。

柏台霜威寒逼人，热海炎气为之薄。

【注释】

①热海：指今吉尔吉斯斯坦的伊塞克湖，唐代由安西节度使管辖。

②太白：指金星。赤坂：在陕西省洴县东龙亭山。单于：指的是单于都护府，在今内蒙古境内。

与独孤渐道别长句兼呈严八侍御（《全唐诗》卷一百九十九）①

轮台客舍春草满，颖阳归客肠堪断。

穷荒绝漠鸟不飞，万碛千山梦犹懒。

怜君白面一书生，读书千卷未成名。

五侯贵门脚不到，数亩山田身自耕。

兴来浪迹无远近，及至辞家忆乡信。

无事垂鞭信马头，西南几欲穷天尽。

奉使三年独未归，边头词客旧来稀。

借问君来得几日，到家不觉换春衣。

高斋清昼卷帷幕，纱帽接䍦慵不着。

中酒朝眠日色高，弹棋夜半灯花落。

冰片高堆金错盘，满堂凛凛五月寒。

桂林蒲萄新吐蔓，武城刺蜜未可餐。②

军中置酒夜挝鼓，锦筵红烛月未午。

花门将军善胡歌，叶河蕃王能汉语。③

知尔园林压渭滨，夫人堂上泣罗裙。④

鱼龙川北盘溪雨，鸟鼠山西洮水云。⑤

台中严公于我厚，别后新诗满人口。

自怜弃置天西头，因君为问相思否。

【注释】

①长句：唐人称七言古诗为长句。严八侍御：指的是严武，字季鹰，官至剑南节度使、中侍御史。

②武城刺蜜：武城在唐代属于西域高昌县，地在今新疆吐鲁番附近。刺蜜：骆驼刺（或说是羊刺）上面所生的类似蜂蜜的东西。

③花门：唐代在居延海向北三百里有花门山堡，天宝年间被回纥占据；叶河：唐代北庭节度使下辖有叶河守捉，地在今新疆乌苏市境内。

④渭滨：谓指渭水。

⑤鱼龙川：《水经注》里写作龙鱼川，汧水的一段，唐代时在秦州，今在陕西省千阳县。盘溪：盘水，在鱼龙川东北。鸟鼠山：甘肃省渭源县西，渭水从此发源。洮水：今甘肃省洮河。这几句里的地名都是甘、陕一代的名胜。

与鲜于庶子泛汉江（《全唐诗》卷一百）①

急管更须吹，杯行莫遣迟。

酒光红琥珀，江色碧琉璃。

日影浮归棹，芦花胃钓丝。

山公醉不醉，问取葛强知。②

【注释】

①鲜于庶子：指鲜于晋，字叔明，后来改姓李，故又称作李叔明，乾元年间除官太子右庶子。

②山公：指魏晋时期的"竹林七贤"山涛之子山简，曾经在荆州做荆州刺史。葛强：山简的爱将，并州人，《世说新语》里记载山简镇守荆州时，有时候饮酒酩酊大醉，便径直到襄阳的高阳池去，日暮时分倒卧在车中归来，忽然又能骑骏马，甚至头上的帽子都倒着戴，并举手问葛强："和你这并州人比怎么样？"

杜甫和白居易日常生活式的口舌之嗜

被称作"诗圣"的杜甫，他所创作的诗歌也获得了"诗史"的美誉，这个称谓是说杜甫的诗歌犹如史书一般，比较真实地记录了有唐一代的社会现状，较为客观地反映了当时官民生活的全貌，当然也涵盖衣食住行等日常细节。所以我们可以从杜诗里看到许多关于饮食的描写。本书在某些部分对于唐代饮食的介绍便是资于杜甫诗歌的。而白居易一生创作三千首左右的诗歌，他同样关注当时的社会生活，诗歌创作秉持的原则是"文章合为时而著，歌诗合为事而作"，所以他的诗歌同样是观察唐代生活的非常难得的资料库。尽管这两位诗人的写作具有很大的相似之处，但是从总体来看，两位诗人的饮食世界的基本色调却正好是相反的。如我们所熟悉的杜甫的那句名句所写的"朱门酒肉臭，路有冻死骨"，这句诗的本意是写当时贫富差别之巨大，写当时社会里某些黑暗的角落。不过假如我们从饮食的角度来解读的话，可以感觉到杜甫笔下的饮食世界是穷酸贫寒的晦暗的色调。而这种境况不仅仅是他所观察的旁人，更是他自己的生活实际的镜像。他写自己的生活也有名句曰："朝扣富儿门，暮随肥马尘。残杯与冷炙，到处潜悲辛。"

与此恰好相左的是，白居易诗中的饮食则显得相对富足，散发出明亮的光泽。他写过一首题名《饱食闲坐》的诗，诗里写道："红粒陆浑稻，白鳞伊水鲂。庖童呼我食，饭热鱼鲜香。"题目里说这是饱食之后闲坐的所思所想，不仅能够吃饱并且有余裕的时间闲坐，可见他的日常生活是比较优渥的，相比"残杯与冷炙，到处潜悲辛"的杜甫而言，可谓一个在天上、一个在地下。这种大不同正是两位诗人笔下食物最大的特色之一。从白居易的诗歌里，我们可以发现这位大诗人非常喜爱吃粥，如《自咏老身示诸家属》里有句曰："粥美尝新米，袍温换故绵。"《斋居》写道："黄耆数匙粥，赤箭一瓯汤。"《晨兴》中有句曰："何以解宿斋，一杯云母粥。"《晚起》中写道："融雪煎香茗，调酥煮乳糜。"乳糜也是一种粥类的食物，是在普通的米粥里面加入牛羊乳汁做就的，应属于粥当中更为精美的一种。凡此种种皆可以说明，白居易所享受的食物是富足而有滋味的。经常吃粥在养生方面也是有益处的。实际上白居易对身体保健真的用了许多心思，饮食当然是第一步，除了嗜好吃粥以外，他还在诗《晚起闲行》里面写道："午斋何俭洁，饼与蔬而已。"白居易官居太子少傅的高位，饮食当然不至于困窘，只不过他选择清粥小菜。其实对于他这样的高级官员和文人士大夫，想要在吃上面豪奢铺张的话也不是没能力办到的，况且他自己也不是苦行的宗教徒，在追求生活享受上理应是轻而易举的，谢思炜先生在《白居易的人生意识与文学实践》里便指出："他的人生也呈现为政治道德追求与世俗享乐、宗教解脱等现实需要的混合统一。"

杜甫虽然在吃上面显得寒酸，但是也有一样嗜好之物，却不失鲜美之味——杜甫的诗歌里面鱼出现的频率比较高，譬如《陪郑广文游何将军山林十首》其二中写道："鲜鲫银丝脍，香芹碧涧羹。"《戏题寄上汉中王三首》其二里写道："蜀酒浓无敌，江鱼美可求。"《过客相寻》里写道："挂壁移筐果，呼儿问煮鱼。时闻系舟楫，及此问吾庐。"《将赴成都草堂途中有作先寄严郑公五首》其一里写道："鱼知丙穴由来美，酒忆郫筒不用酤。"《送王十五判官扶侍还黔中》里有句曰："青青竹笋迎船出，日日江鱼入馔来。"类似的诗句可谓是不胜枚举，这里当然只能挂一漏万了。看来，虽然有时候免不了忍饥挨饿，但杜甫作为伟大的诗人在美味品鉴上的水准应当是不容置疑了。

杜甫的科举之路蹭蹬艰难，所以他也曾度过一段非常困窘的生活。

程千帆先生在《杜诗集大成说》中认为："如果杜甫科场得意，或通过其他途径挤进统治集团，那么即使他能够独善其身而不同流合污，优越的政治地位和优裕的物质生活也必然会使他离帝王权贵较近而离下层人民较远。这样，他就无法看清那隐藏在花团锦簇的繁荣外表下面的人民苦难与社会危机了。"而对于白居易诗歌的评价，文学史上通常也都盛赞其通俗的特点。所以尽管白居易与杜甫的生活处境有优渥、窘迫的分别，他们笔下的饮食世界也因此呈现出两种光泽，然而他们还有一样是相同的，即他们笔下的食物是表现着生活和日常的形象。已经有研究指出了白居易诗歌中写了大量以米、面和蔬菜与肉类相搭配的饮食结构。譬如《池上小宴问程秀才》里面写道："净淘红粒罢香饭，薄切紫鳞烹水葵。"《醉中得上都亲友书以予停俸多时忧问贫乏偶乘酒兴咏而报之》里有句曰："园葵烹佐饭，林叶扫添薪。"这是他待客时候的食物安排，今日读来仍觉得亲切，仿佛是我们自己家常生活的场景。若嫌蔬菜下饭不够高规格，那么还可以杀鸡做鸡黍饭，如《题崔少尹上林坊新居》里写："若能为客烹鸡黍，愿伴田苏日日游。"杜甫在客人来拜访时也是自己去菜园里锄地摘菜，例如《宾至》中写："有客过茅宇，呼儿正葛巾。自锄稀菜甲，小摘为情亲。"包括他去旁人家做客，也比较留意这种举动，在《赠卫八处士》里写过两联非常温馨的诗句："夜雨剪春韭，新炊间黄粱。主称会面难，一举累十觞。"从这几句中我们看不出杜甫与我们今日普通的百姓生活存在哪些巨大的不同。在这种诗歌里的白居易和杜甫太像我们的家人，我们怎么样在日常生活中饮食待客，他们也一样。其实说到底，日常生活的本质就是普通、朴实，人生有时候会面临困境，有时候在顺境，那么杜甫的窘迫就像是进入困境而已，而白居易的富足也仅仅是处于生活顺境的某一个片段。人类生活总是在忧患和欢乐、困苦与轻松这两端之间不断交替变换。虽然我们在这里看到的白居易生活比较欢乐，但是不应该忘记他晚年饱受中风等疾病的折磨，他在饮食上的某些取舍应当也是为了养生而做的不得已的选择。

奉赠韦左丞丈二十二韵（《全唐诗》卷二百一十六）[①]

杜甫

纨绔不饿死，儒冠多误身。丈人试静听，贱子请具陈。
甫昔少年日，早充观国宾。读书破万卷，下笔如有神。[②]
赋料扬雄敌，诗看子建亲。李邕求识面，王翰愿卜邻。
自谓颇挺出，立登要路津。致君尧舜上，再使风俗淳。

此意竟萧条，行歌非隐沦。骑驴三十载，旅食京华春。

朝扣富儿门，暮随肥马尘。残杯与冷炙，到处潜悲辛。

主上顷见征，欻然欲求伸。青冥却垂翅，蹭蹬无纵鳞。③

甚愧丈人厚，甚知丈人真。每于百寮上，猥诵佳句新。

窃效贡公喜，难甘原宪贫。焉能心怏怏，只是走踆踆。④

今欲东入海，即将西去秦。尚怜终南山，回首清渭滨。

常拟报一饭，况怀辞大臣。白鸥没浩荡，万里谁能驯？

【注释】

①韦左丞丈：指的是天宝年间的尚书左丞韦济，韦思谦之孙，父亲是韦嗣立，祖孙三代皆官至高位。

②观国宾：典故出自《周易》，指诗人早年曾在东都洛阳参加进士考试。

③蹭蹬（cèng dèng）无纵鳞：指失势不得志。纵鳞，谓鱼在水中自由游动，比喻仕途顺利。

④贡公：指西汉元帝时的贡禹，贡禹同王吉友善，王吉做了大官以后，贡禹亦弹冠。原宪贫：原宪是孔子弟子，一生比较贫困。

晨兴（《全唐诗》卷四百四十五）

白居易

宿鸟动前林，晨光上东屋。

铜炉添早香，纱笼灭残烛。

头醒风稍愈，眼饱睡初足。①

起坐兀无思，叩齿三十六。②

何以解宿斋，一杯云母粥。③

【注释】

①头醒风稍愈：白居易晚年患有中风之疾。

②叩齿三十六：叩齿是一种养生护齿的方法。

③云母粥：用云母、粳米或糯米熬制的粥。

晚起（《全唐诗》卷四百五十一）

白居易

烂熳朝眠后，频伸晚起时。暖炉生火早，寒镜裹头迟。①

融雪煎香茗，调酥煮乳糜。慵馋还自哂，快活亦谁知。

酒性温无毒，琴声淡不悲。荣公三乐外，仍弄小男儿。②

【注释】

①裹头：唐代成年男子头上要裹头巾，称为幞头。

②荣公三乐：典出《列子·天瑞》："孔子游于泰山，见荣启期鹿裘带索，鼓琴而歌。问曰：'先生所以为乐者，何也？'对曰：'吾乐甚多。天生万物，惟人为贵，吾得为人，一乐也；男尊女卑，吾得为男，二乐也；人生有不见日月，不免襁褓者，吾既行年九十矣，是三乐也。'"

自咏老身示诸家属（《全唐诗》卷四百六十）

白居易

寿及七十五，俸沾五十千。夫妻偕老日，甥侄聚居年。

粥美尝新米，袍温换故绵。家居虽溇落，眷属幸团圆。[1]

置榻素屏下，移炉青帐前。书听孙子读，汤看侍儿煎。

走笔还诗债，抽衣当药钱。支分闲事了，爬背向阳眠。[2]

【注释】

①溇落：沦落失意。

②支分：分解之意。

斋居（《全唐诗》卷四百五十一）

白居易

香火多相对，荤腥久不尝。

黄耆数匙粥，赤箭一瓯汤。[1]

厚俸将何用，闲居不可忘。

明年官满后，拟买雪堆庄。[2]

【注释】

①黄耆：中药黄芪。赤箭：中药天麻。唐人用这两味药材做粥，认为可以扶老、养生。

②雪堆庄：白居易另有一首诗歌《题平泉薛家雪堆庄》，是薛氏的庄园。

唐·赵福 《羊图》

唐·周昉 《调琴啜茗图》

唐·赵福 《犹图》

宾至(《全唐诗》卷二百二十六)

杜甫

患气经时久，临江卜宅新。①

喧卑方避俗，疏快颇宜人。

有客过茅宇，呼儿正葛巾。

自锄稀菜甲，小摘为情亲。②

【注释】

①患气：有说法认为诗人患有肺病。

②甲：草木初生曰"甲"。

戏题寄上汉中王三首(其二)(《全唐诗》卷二百二十七)①

杜甫

策杖时能出，王门异昔游。

已知嗟不起，未许醉相留。②

蜀酒浓无敌，江鱼美可求。

终思一酩酊，净扫雁池头。③

【注释】

①汉中王：李瑀，让帝第六子，封为陇西郡公，后从唐明皇入蜀，到汉中而被封汉中王。这首诗的背景是汉中王当时在梓州，断酒不饮，诗人乃戏笔而作。

②嗟不起：汉中王自叹之语。醉相留：因汉中王断酒故不

能留诗人饮酒至醉倒。

③雁池头：西汉时梁王建造有兔园，园子内有雁池。

送王十五判官扶侍还黔中（《全唐诗》卷二百二十七）①

杜甫

大家东征逐子回，风生洲渚锦帆开。②

青青竹笋迎船出，日日江鱼入馔来。

离别不堪无限意，艰危深仗济时才。

黔阳信使应稀少，莫怪频频劝酒杯。③

【注释】

①王十五判官：判官是唐代辅助节度使、观察使之类的下僚。王判官本来是黔阳人，在蜀地做官，此时奉母归乡养，诗人便写了这首诗相送。

②大家东征：东汉班昭（又称作曹大家）曾写过《东征赋》，此句或许代指王判官的母亲。

③黔阳：唐代黔州的黔中郡本来是三国孙吴的黔阳郡。

池上小宴问程秀才（《全唐诗》卷四百五十一）

白居易

洛下林园好自知，江南景物暗相随。

净淘红粒煮香饭，薄切紫鳞烹水葵。①

雨滴篷声青雀舫，浪摇花影白莲池。

停杯一问苏州客，何似吴松江上时。②

【注释】

①红粒晳香饭：晳（ǎn），即《饱食闲坐》诗中所写的"陆浑稻"，这种稻谷做出来的米饭是红色的。紫鳞：紫鳞鱼。水葵：莼菜。

②苏州客：当是指秀才是苏州人氏。吴松江：淞江，发源于苏州。

醉中得上都亲友书以予停俸多时忧问贫乏偶乘酒兴咏而报之（《全唐诗》卷四百五十九）①

白居易

头白醉昏昏，狂歌秋复春。一生耽酒客，五度弃官人。
异世陶元亮，前生刘伯伦。卧将琴作枕，行以锸随身。②
岁要衣三对，年支谷一囷。③园葵烹佐饭，林叶扫添薪。
没齿甘蔬食，摇头谢缙绅。自能抛爵禄，终不恼交亲。
但得杯中渌，从生甑上尘。烦君问生计，忧醒不忧贫。

【注释】

①停俸：会昌元年（841），诗人七十岁，太子少傅官被停，同时停俸，本诗作于此时。又有说法认为作于次年。

②陶元亮：东晋著名田园诗人陶渊明，名潜，字渊明，或说字元亮。刘伯伦：魏晋时期"竹林七贤"之一的刘伶，字伯伦，以嗜酒知名。锸：耕田的农具。

③年支谷一囷：谓全年支出只需要一谷仓的谷物。

题崔少尹上林坊新居（《全唐诗》卷四百五十八）①

白居易

坊静居新深且幽，忽疑缩地到沧洲。②

宅东篱缺嵩峰出，堂后池开洛水流。③

高下三层盘野径，沿洄十里泛渔舟。

若能为客烹鸡黍，愿伴田苏日日游。④

【注释】

①崔少尹：疑是崔晋，曾任仓部郎中。上林坊：在洛阳洛水北面承福门之东的五个坊，在铜驼坊东。

②缩地：《神仙传》里记载术士费长房有缩地术，能令上千里的地伸缩自如。沧洲：在唐代和唐诗中多指隐逸的地方。

③嵩峰出、洛水流：上林坊在洛水以北，故可以看见嵩山和洛水。

④愿伴田苏：田苏是《左传》里面的晋国的贤人，《左传》记载："与田苏游，而日好仁。"

韩愈诗歌里食物的诙谐色彩

古语有云："民以食为天。"这揭示出食物对于人类生活的重要性。绝大多数唐代诗人对食物的书写自然也是突出这一特征的，然而还是有人注意到了食物的另外的形象，中唐时期的著名诗人韩愈诗歌里面的食物却并不是老老实实的砧板上面或餐桌上的呆板的形貌。食物在他的眼中和笔下散发着一种诙谐奇妙的趣味。《古风》诗写道："天下汤汤，曷其而归？好我衣服，甘我饮食。无念百年，聊乐一日。"《重云李观疾赠之》写道："小人但咨怨，君子惟忧伤。饮食为减少，身体岂宁康？此志诚足贵，惧非职所当。藜羹尚如此，肉食安可尝？穷冬百草死，幽桂乃芬芳。且况天地间，大运自有常。劝君善饮食，鸾凤本高翔。"原来饮食生活与天下盛衰和个人荣辱升降本是密不可分的关系，在旁人那里几乎已经淡漠得被忘却，教人以为食物只是果腹充饥的，好像是生活中理所当然享有的，岂不知能够有一日的饮食资生便已经是莫大的幸福。所以尽管对天下的形势不满，韩愈却说只要想着自己还能享有甘美的饮食，那就不必去忧虑百年的不如意，能乐一日便乐一日。君子对时事思虑太过乃至于减少饮食，他便劝阻说这样不妥，还是应当以身体健康作为首要考虑的事情。韩愈诗里的饮食写作真是游刃有余，自具备一种灵动自如之感，非是老杜那样过于实际，所以，在同样触及衣食不足的窘境时，韩愈的诗笔便展现出诙谐奇趣的味道，而老杜却完完全全是一种穷酸气了。譬如韩愈在《答孟郊》诗里以略带戏谑的口吻说道："子独不得饱。才春思已乱，始秋悲又搅。朝餐动及午，夜讽恒至卯。名声暂膻腥，肠肚镇煎燠。"其实细细品味这首诗，层次是比较丰富的：一层是开玩笑式地描写出朋友孟郊吃不上饭的困难境地；另一层却是在微笑里带着苦涩的泪水，实际上还是对朋友处境给予了巨大的同情，可谓是微笑中带泪的。假如他将句句落实，刻画逼真，突出孟郊的举步维艰，那么对于朋友而言岂不是颜面大失？因此这种写法不仅表达了自己的真实感情，又不失朋友之义，而且还发挥了诗文创作和阅读的乐趣。又如《县斋有怀》有句曰："身将老寂寞，志欲死闲暇。朝食不盈肠，冬衣才掩骼。"同样是一种酸辛苦涩的情感，从他的笔下出来却不能不教读者先会心一笑，然后才去体味其间的痛苦。这当然是韩愈作为著名诗人的过人之处。大概韩愈诗歌里较少直接描写具体的食物，而是善于将食物用作譬喻、比方的文学表现手段。《马厌谷》里写道："马厌谷今，士不厌糠籺。"这句用马和人对比来反衬出人不如马的悲惨境遇。

韩愈留心观察过不少动物进食的情景，并且不嫌卑琐而用极具情感的笔触将其写入自己的诗篇。譬如《嗟哉董生行》先写董生孝慈的形象："入厨具甘旨，上堂问起居。父母不戚戚，妻子不咨咨。嗟哉董生孝且慈，人不识，惟有天翁知，生祥下瑞无时期。"接着立刻转入描写家里的狗和鸡吃东西的场面："家有狗乳出求食，鸡来哺其儿。啄啄庭中拾虫蚁，哺之不食鸣声悲。彷徨踯躅久不去，以翼来覆待狗归。"这首诗表彰隐士董生董召南的节义和孝行，却在描写过董生对父母和妻子的关怀之后，笔锋陡然一转，写家中母狗和鸡捕食的谐趣场景。又如《杂诗四首》第一首写苍蝇和蚊子："朝蝇不须驱，暮蚊不可拍。蝇蚊满八区，可尽与相格。得时能几时，与汝恣啖咋。凉风九月到，扫不见踪迹。"这首诗不满蚊虫满天飞地骚扰自己，人类却是做了它们的食物，诗人索性也不去拍打或驱赶了，反而豁然大度地说："随你们尽情享用罢，反正你们得时也没有多久，待到九月凉风起来就把你们一扫而光了。"第二首写了三只鸟争斗抢夺食物的场景："鹊鸣声楂楂，乌噪声擢擢。争斗庭宇间，持身博弹射。黄鹄能忍饥，两翅久不擘。苍苍云海路，岁晚将无获。"鹊喳喳喳喳地叫着，这两只鸟在庭院里为了食物而争来斗去，但是另外还有一只黄鹄却是在观望，翅膀许久都不曾扇动，诗人因此半是打趣半是同情地说："可能是黄鹄能忍饥挨饿。"然而又有一份担心，忧虑过了时候可能一无所获。韩愈在这些动物身上表现出来的实际上是对人的一种关怀。写动物捕食并不仅仅停留在表面，根本上还是要借这种形象来展示人的处境和情感。而他下笔轻松诙谐则与他写人是高度一致的。读韩愈这些诗篇仿佛总能感觉出来诗人嘴边的微笑，于是我们才明白原来对待食物也可以如此轻松愉快，并不是只有烟熏火燎或油盐酱醋之类的生活的沉重质实。韩愈还有一首《谴疟鬼》的怪诗，这首诗塑造了一个疟鬼的形象，而饮食也是这个鬼的形象的一部分："翁妪所骂讥。求食欧泄间，不知臭秽非。"这个疟鬼非常惹人厌恶，老翁、老妪经常讥骂它。因为这个鬼会在非常臭秽的地方寻找食物。这个场面完全没有美感和诗意，只是怪异。

实际上这首诗比较能够反映出韩愈作诗的个人特色，程千帆先生在《程氏汉语文学通史》中评论说："韩愈是最自觉最突出地在创作中追求新变、创造与盛唐诗迥然不同的风貌的一个诗人……在诗中大胆使用生硬奇崛的字词与意象，发掘前人不敢或不屑使用的诗料，开辟出狠重奇险的艺术境界。许多原来不美甚至丑的东西经过他的诗笔点化，变腐朽为神奇，放出令人惊讶的光辉，虽然这也导致某些诗作的险怪晦涩，佶屈聱牙。可以说，韩愈诗以不美为美、以丑为美、以非诗为诗，为诗歌树立了一个新的美学标准。"这段评论是前人对韩愈诗歌在文学史上的位置非常恰当的论述。当然这一点也在韩愈描写饮食的诗篇里得到了体现。过去的文学史已明确指出韩愈的诗歌有"以文为戏"的倾向，现在也有学者提出了"以文为戏"在他写食物的诗歌里也有所表现，并称之为"以食为戏"。正是因为这种看似是戏笔的漫不经心，为唐诗中饮食的形象赋予了与杜甫、白居易等人迥然不同的色彩。告诉我们除了"民以食为天"之外，还可以有"以食为戏"的另外一面。

古风（《全唐诗》卷三百三十七）

（安史之后，方镇相望于内地，大者连州十余，小者不下三四。兵骄则逐帅，帅强则叛上。不廷不贡，往往而是。故托古风以寓意。观诗意当在德宗朝作。）

今日曷不乐，幸时不用兵。无曰既蹙矣，乃尚可以生。

彼州之赋，去汝不顾。此州之役，去我奚适？①

一邑之水，可走而违。天下汤汤，曷其而归？

好我衣服，甘我饮食。无念百年，聊乐一日。

【注释】

①去汝不顾、去我奚适：化用《诗经·魏风·硕鼠》："硕鼠硕鼠，无食我黍！三岁贯女，莫我肯顾。逝将去女，适彼乐土。乐土乐土，爰得我所。"

重云李观疾赠之（《全唐诗》卷三百三十六）①

天行失其度，阴气来干阳。重云闭白日，炎燠成寒凉。②

小人但咨怨，君子惟忧伤。饮食为减少，身体岂宁康？

此志诚足贵，惧非职所当。藜羹尚如此，肉食安可尝？

穷冬百草死，幽桂乃芬芳。且况天地间，大运自有常。

劝君善饮食，鸾凤本高翔。

【注释】

①重云：重云是本首诗的主旨，作者将之提炼出来标于题目之中。李观疾：李观是诗人的朋友，因他生病，诗人作这首诗赠他，用以勉励他不必因此懊丧。李观，字元宾，陇西人，与韩愈同在贞元年间举进士，韩愈为他写过《李元宾墓铭》。

②天行失其度："天行"又别本或写作"天行"，谓天道运行失去了法度。

嗟哉董生行（《全唐诗》卷三百三十七）

淮水出桐柏，山东驰遥遥千里不能休。

泚水出其侧，不能千里百里入淮流。

寿州属县有安丰，唐贞元时县人董生召南隐居行义于其中。

刺史不能荐，天子不闻名声。

爵禄不及门，门外惟有吏。

日来征租更索钱，嗟哉董生朝出耕。

夜归读古人书，尽日不得息。

或山而樵，或水而渔。

入厨具甘旨，上堂问起居。

父母不戚戚，妻子不咨咨。

嗟哉董生孝且慈，人不识，

惟有天翁知，生祥下瑞无时期。

家有狗乳出求食，鸡来哺其儿。

啄啄庭中拾虫蚁，哺之不食鸣声悲。

彷徨踯躅久不去，以翼来覆待狗归。

嗟哉董生，谁将与俦？

时之人，夫妻相虐，兄弟为雠。食君之禄，而令父母愁。

亦独何心，嗟哉董生无与俦。

杂诗四首（《全唐诗》卷三百四十二）

其一

朝蝇不须驱，暮蚊不可拍。

蝇蚊满八区，可尽与相格。

得时能几时，与汝恣啖咋。

凉风九月到，扫不见踪迹。

其二

鹊鸣声楂楂，乌噪声攫攫。

争斗庭宇间，持身博弹射。

黄鹄能忍饥，两翅久不擘。

苍苍云海路，岁晚将无获。

诗佛的清淡饮食

    王维，字摩诘，这个字号表现着他的人生追求与个人志趣，正如他自己在《叹白发》诗歌中所写的："一生几许伤心事，不向空门何处销？"王摩诘对佛门十分感兴趣，佛教有一部经名曰《维摩诘经》，这部经里的主角是一位名叫维摩诘的大居士。很显然，诗人大概是以这位大居士自我期许，所以才用摩诘作为自己的表字。而且后人也将"诗佛"这一尊号赠予他，可见对于他佛缘之深这一点，大家是没有疑义的。至于他在诗歌中表现出的佛家境界则已经有许多研究成果在了，故不必在此赘述，并且亦与本书主旨有相当的距离，是以本文更不必在此展开说明。那么我们要从旁的角度来观察这位著名诗人的诗篇。

    伟大的诗人必定在艺术创作中臻于圆融的境界。因为他们对艺术创作具有真知灼见，他们的艺术表现能力也是经过成百上千次的训练而达到炉火纯青的地步的。毫无疑问，王摩诘便是这样的一位诗人，所以他对饮食的观察与写作应当与他整体的趣味保持一致。

实际上，这并不是我们一厢情愿的设想和期待，而是王摩诘自己在诗歌中告诉我们的答案。正如我们中学时代便已经从教科书上学习过的他的《积雨辋川庄作》的一句诗"山中习静观朝槿，松下清斋折露葵"一样，王摩诘的诗似乎总是充盈着一种宁静之力，这种力涵摄住他笔触所及的一切景色、事物和情感。他住的地方是松树之下一间小小的清斋，日常就是坐禅习静，假如疲累了便出去折取还带着清晨的露水的葵菜。阅读《王右丞诗集笺注》，其开头部分便出现了食物，譬如《送友人归山歌二首》所写的："上山头兮抱犊。神与枣兮如瓜，虎卖杏兮收谷。"原来他送别友人竟然是不必在醉醺醺的气氛里，而是在枣、杏这种清澈的水果的芬香之中。接着又是《酬诸公见过》所写的："我闻有客，足扫荆扉。篁食伊何，副瓜抓枣。"然后，接着又是一首《瓜园诗》："余适欲锄瓜，倚锄听叩门。鸣驺导骢马，常从夹朱轩。穷巷正传呼，故人傥相存。携手追凉风，放心望乾坤。蔼蔼帝王州，宫观一何繁。林端出绮道，殿顶摇华幡。素怀在青山，若值白云屯。回风城西雨，返景原上村。前酌盈尊酒，往往闻清言。黄鹂啭深木，朱槿照中园。犹美松下客，石上闻清猿。"这首诗写诗人在瓜园劳作时候所见所闻，虽然有一些车马喧闹，但是总体上依然是清澈凉爽、宁静的氛围。

虽然这一次他终于同朋友饮了酒，然而"往往闻清言"，看来大家都还没有醉去，依旧非常清醒，他们还是美慕那些在松树下修行的人，可以坐在山石上听闻猿猴的呼啸。

在一个春天的夜晚，王摩诘在一个竹亭子里送别一位姓钱的朋友，写了一首诗《春夜竹亭赠钱少府归蓝田》，诗中有句子写道："美君明发去，采蕨轻轩冕。"看来折葵、采蕨真的是王摩诘所念念不忘的。又在《赠李颀》诗里写道："闻君饵丹砂，甚有好颜色。不知从今去，几时生羽翼？……悲哉世上人，甘此膻腥食。"也是首先留意到朋友服食的可以飞升成仙的丹药，而对于人世间普通人所吃的东西，他却觉得那是充满膻腥的不洁净的东西，所以他对世上吃这些东西的一般人只能报以悲悯之情。又如他在《戏赠张五弟諲三首》中自白那般："吾生好清静，蔬食去情尘。"在唐代第一流的诗人当中，大概找不出第二个像王摩诘这般对瓜果菜蔬执着的诗人了。他对尘俗万分敏感，所以就连对尘俗的食物也保持了相当的警惕。过去人们说字如其人，对于王摩诘，我们不仅可以说"诗如其人"，更可以认为"食如其人"。

春夜竹亭赠钱少府归蓝田（《全唐诗》卷一百二十五）①

夜静群动息，时闻隔林犬。

却忆山中时，人家涧西远。

羡君明发去，采蕨轻轩冕。②

【注释】

①钱少府：钱起，字仲文，吴兴（今浙江省湖州市）人，天宝年间进士，曾任官秘书省校书郎、蓝田县尉、考功郎中。与郎士元齐名，唐代宗大历年间"大历十才子"之一。少府：县尉。

②采蕨：蕨是生长在山间的野菜，可以吃。采蕨或许与采薇同意，指归隐山林。轩冕：公卿大夫乘坐的车子和戴的帽子。

赠李颀（《全唐诗》卷一百二十五）①

闻君饵丹砂，甚有好颜色。②

不知从今去，几时生羽翼。

王母翳华芝，望尔昆仑侧。③

文螭从赤豹，万里方一息。④

悲哉世上人，甘此膻腥食。

【注释】

①李颀：东川（今四川省会泽县）人，开元十三年进士，官新乡尉。诗歌与高适、岑参齐名。

②饵丹砂：李颀大概选择道家修炼，服食丹砂，能够保持

容颜年轻。

③翳华芝：传说西王母有灵芝草，食之可以疗饥。翳，隐蔽之意。

④文螭从赤豹：螭是黄龙。《楚辞》里写道："乘赤豹兮从文狸。"这几种动物都是仙人的坐骑。

送友人归山歌二首（其一）（《全唐诗》卷一百二十五）

山寂寂兮无人，又苍苍兮多木。

群龙兮满朝，君何为兮空谷。

文寡和兮思深，道难知兮行独。

悦石上兮流泉，与松间兮草屋。

入云中兮养鸡，上山头兮抱犊。①

神与枣兮如瓜，虎卖杏兮收谷。②

愧不才兮妨贤，嫌既老兮贪禄。

誓解印兮相从，何詹尹兮何卜。③

【注释】

①抱犊：沂州承县北有一座抱犊山，传言从前有一个隐者抱了一头牛犊于山头耕种。

②神与枣兮如瓜：《史记》里记载李少君曾经远游到海上，遇见安期生，安用巨枣款待李少君，枣子大如瓜。虎卖杏：根据葛洪《神仙传》，董奉住在庐山，不种地，每日只是给人治病，重病人痊愈了教他栽种五株杏树，轻病人种一棵，如是数年间

便有一片十万多棵树的杏林。后来杏子成熟丰收，董奉就在林子内建造了一间草仓库，对人们说，想要买杏子不需要钱，只用拿一斗粮食放进仓库，即可自由拿取同等容量的杏子。然而却有人拿走比所放粮食多的杏子，于是林中的群虎便跳出怒吼追赶，这人吓得连忙逃走，以至于杏子散落路旁。及至回家后称量，所剩余的杏子竟然与所放的粮食同等分量，不多不少。

③詹尹:《楚辞》里写道：屈原放逐三年之后心烦意乱，便前去见太卜郑詹尹，请求解答心中疑惑。

酬诸公见过(《全唐诗》卷一百二十五)

嗟予未丧，哀此孤生。屏居蓝田，薄地躬耕。

岁晏输税，以奉粢盛。晨往东皋，草露未晞。①

暮看烟火，负担来归。我闻有客，足扫荆扉。

箪食伊何，副瓜抓枣。仰厕群贤，皤然一老。②

愧无莞簟，班荆席藁。泛泛登陂，折彼荷花。③

静观素鲔，俯映白沙。山鸟群飞，日隐轻霞。

登车上马，倏忽雨散。雀噪荒村，鸡鸣空馆。

还复幽独，重欷累叹。

【注释】

①岁晏：岁末。粢盛（zī chéng）：供祭祀的谷物。

②副瓜抓枣：副瓜意谓剖瓜，抓枣意思是打枣。皤然：头发皓白貌。

③莞簟：蒲苇和竹子的席子。班荆：班意谓"布"，坐在荆上，意思是朋友相遇坐谈。

戏赠张五弟𬤇三首（其三）（《全唐诗》卷一百二十五）

设置守麢兔，垂钓伺游鳞。此是安口腹，非关慕隐沦。①

吾生好清净，蔬食去情尘。今子方豪荡，思为鼎食人。②

我家南山下，动息自遗身。入鸟不相乱，见兽皆相亲。③

云霞成伴侣，虚白侍衣巾。何事须夫子，邀予谷口真。④

【注释】

①设置：罝（jū），捕捉鸟兽的罗网。麢兔：狡兔，体形偏大的兔子。隐沦：隐逸。

②鼎食：给王公贵族吃饭用鼎。

③入鸟不相乱：《庄子·山木》曰："入兽不乱群，入鸟不乱行。鸟兽不恶，而况人乎？"表现人具有高妙的德行，以致鸟兽都不会被惊扰。

④虚白：《庄子》曰："虚室生白，吉祥止止。"谷口真：汉代郑朴字子真，谷口人，修习道术，世人皆佩服他的清高。

茶酒饮品

献入长安的贡茶

天子须尝阳羡茶

　　皇帝是中国古代社会里地位最高、身份最尊贵的人物，他在物质和精神方面享用的物品最能反映出一个时代的发展水平和社会风尚。茶既然在唐代已经风靡大江南北，自然也少不了影响宫廷里九五至尊的饮食品味。除了遍及民间百姓闾里以外，贡茶也是唐代茶文化的重要现象。李郢《茶山贡焙歌》里面写道："春风三月贡茶时，尽逐红旌到山里。焙中清晓朱门开，筐箱渐见新芽来。陵烟触露不停探，官家赤印连帖催。"这几句诗描写了初春时节官府前往茶山里采取新鲜的贡茶的情景，笔触一方面涉及新茶的鲜嫩，一方面集中于官府急迫的催促，两相对比，写出了此事之重要。那么皇帝所饮用的是哪一种茶呢？卢仝在《走笔谢孟谏议寄新茶》一诗中记录了相关信息，他说："闻道新年入山里，蛰虫惊动春风起。天子须尝阳羡茶，百草不敢先开花。"此诗中的阳羡茶即是唐代皇帝所享用的贡茶之一种。徐铉《和门下殷侍郎新茶二十韵》中写山水灵秀之地产出好茶时说："孕灵资雨露，钟秀自山川。碾后香弥远，烹来色更鲜。名随土地贵，味逐水泉迁。"诗里有注解说："阳羡茶山有金涉泉，修贡时出。"这是说阳羡茶之所以名贵，得以成为贡品，是由于茶山上有一眼好泉水，凭此滋养，茶的色香味皆臻乎上乘。"天子须尝阳羡茶"不仅仅是处于海内承平的时候，甚至在国家动荡之际亦然。《全唐诗》里收录了题名王枳的两条断句："今朝拜贡盈襟泪，不进新芽是进心。"句下有注曰："常州旧贡阳羡茶。僖宗幸蜀，枳间关驰贡。故有此句。"（见《常州志》）唐僖宗正值安史之乱以后唐王朝内忧外患交加的衰弱的晚期，所谓"幸蜀"，实际上是为了躲避农民起义而向蜀地的逃亡。此诗的"不进新芽是进心"一方面表现出作为贡茶的阳羡茶在唐代政治领域内的一种重要地位，另一方面也写出了动乱之间贡茶的实际困难。

阳羡茶的名气并没有因为唐王朝的结束而消失，它的影响力在千百年后依旧在文人墨客的笔下显现出来。北宋大文豪苏东坡在《次韵完夫再赠之什某已卜居毗陵与完夫有庐里》写道："雪芽我为求阳羡，乳水君应饷惠山。"元末明初的学者、诗人谢应芳写过一首诗歌《阳羡茶》："南山茶树化劫灰，白蛇无复衔子来。频年雨露养遗植，先春粟粒珠含胎。待看茶焙春烟起，箬笼封春贡天子。谁能遗我小团月，烟火肺肝令一洗。"明代周高起在《洞山岕茶系》中记载了一个有关阳羡茶的小故事。他说在唐代，李栖筠做常州主官时候，有一位山僧进献了阳羡茶，陆羽品评为："芬芳冠世，可以供上方。"这或许便是阳羡茶成为贡茶的缘起。唐代的阳羡在今日江苏宜兴，这一带是丘陵居多，原本就适于茶树种植。

唐代的贡茶是以制度形式得到确立的。阳羡茶仅仅是其中之一种。与阳羡茶名气相当的还有湖州的紫笋茶。前引徐铉《和门下殷侍郎新茶二十韵》中亦曾提及，他写道："名随土地贵，味逐水泉迁。力藉流黄暖，形模紫笋圆。"这是用紫笋茶的形状作为标准来比较，可见紫笋茶的形状在唐代茶叶里居于翘楚的地位。紫笋进贡给皇帝时的场面并不比阳羡茶逊色。张文规《湖州贡焙新茶》里写道："凤辇寻春半醉回，仙娥进水御帘开。牡丹花笑金钿动，传奏吴兴紫笋来。"紫笋茶的炮制过程亦极具美感，秦韬玉在《紫笋茶歌》中不惜笔墨地予以了详尽的描写："山童碾破团团月。倚云便酌泉声煮，兽炭潜然虬珠吐。看着晴天早日明，鼎中飒飒筛风雨。老翠香尘下才熟，搅时绕箸天云绿。"由于这个缘故，紫笋茶亦颇受士大夫与僧人的青睐，白居易《题周皓大夫新亭子二十二韵》里写道："加笾过八珍。茶香飘紫笋。"又在《夜闻贾常州崔湖州茶山境会想羡欢宴因寄此诗》里写道："青娥递舞应争妙，紫笋齐尝各斗新。"又有郑谷《寄献湖州从叔员外》里所写的："西阁归何晚，东吴兴未穷。茶香紫笋露，洲迥白苹风。歌缓眉低翠。"这些诗句所写的都是文人士大夫宴席上的活动，紫笋茶美味佳肴，欢歌曼舞相错杂。有时也不乏在行旅途中简陋的环境里出现紫笋茶的身影，譬如薛能《西县途中二十韵》里有句曰："清怀啸月华。焰樵烹紫笋，腰篸憩乌纱。"又如诗僧皎然在《顾渚行寄裴方舟》里写道："朝寻新茗复如何。女宫露涩青芽老，尧市人稀紫笋多。紫笋青芽谁得识，日暮采之长太息。清泠真人待子元，贮此芳香思何极。"可见紫笋茶不仅仅是君王专享的贡茶，也是其他人在一些场合下可以享受的佳茗，而且基本上是有口皆碑。这些唐人诗歌无不彰显出紫笋与阳羡齐名的地位。正如上文所征引的诗歌里所写作的，紫笋茶所在之地为湖州顾渚山。

尽管阳羡、紫笋博得如此大名，似乎还不能拔得头筹。在唐代贡茶里面，有一种名叫"蒙顶"的四川地区的茶排在冠军位置。李肇《唐国史补》云："风俗贵茶，茶之名品益众。剑南有蒙顶石花，或小方，或散牙（芽），号为第一。"这里所说的剑南即是今日四川省，唐代是剑南道。再具体一些是剑南道的雅州（今四川省雅安市）的蒙山地区。又根据宋代叶廷珪《海录碎事》和明代曹学佺《蜀中广记》里的说法，蒙山上面有五座顶峰，通呼曰"五顶"，每一座上面都有茶园。在这五座峰顶里中间的一座最高，名叫上清顶，顶上有一口甘露井，井水一年四季不干涸，口感也极为清冽甘美。据说是由汉代的吴理真所开凿并种植的。白居易在《琴茶》诗里写道："兀兀寄形群动内，陶陶任性一生间。自抛官后春多醉，不读书来老更闲。琴里知闻唯绿水，茶中故旧是蒙山。"已然将蒙茶视为自己的故交老友，可见他对于这种茶的喜爱和深厚情谊。刘禹锡的《西山兰若试茶歌》里称扬蒙山茶曰："僧言灵味宜幽寂，采采翘英为嘉客。不辞缄封寄郡斋，砖井铜炉损标格。何况蒙山顾渚春，白泥赤印走风尘。欲知花乳清泠味，须是眠云跂石人。"杨嗣复《谢寄新茶》里写道："石上生芽二月中，蒙山顾渚莫争雄。封题寄与杨司马，应为前衔是相公。"徐铉《和门下殷侍郎新茶二十韵》亦曾有言曰："风月艳阳天。自可临泉石，何妨杂管弦。东山似蒙顶，愿得从诸贤。"又如著名诗人孟郊在《凭周况先辈于朝贤乞茶》里写道："道意勿乏味，心绪病

无悰。蒙茗玉花尽，越瓯荷叶空。锦水有鲜色，蜀山
饶芳丛。云根才翦绿，印缝已霏红。曾向贵人得，最
将诗叟同。幸为乞寄来，救此病劣躬。"孟郊此诗一方
面表现了自己的穷寒，同时也反衬出蒙顶茶的佳妙来，
所以夸张地说此茶可以似药治疗自己病弱的身体。又
有郑谷的《蜀中三首》里写道："草色岚光日日新。蒙顶
茶畦千点露，浣花笺纸一溪春。"

茶山贡焙歌（《全唐诗》卷五百九十）

李郢①

使君爱客情无已，客在金台价无比。②

春风三月贡茶时，尽逐红旌到山里。

焙中清晓朱门开，筐箱渐见新芽来。

陵烟触露不停探，官家赤印连帖催。

朝饥暮匐谁兴哀，喧阗竞纳不盈掬。

一时一饷还成堆，蒸之馥之香胜梅。

研膏架动轰如雷，茶成拜表贡天子。

万人争啖春山摧，驿骑鞭声砉流电。

半夜驱夫谁复见，十日王程路四千。

到时须及清明宴，吾君可谓纳谏君。

谏官不谏何由闻，九重城里虽玉食。

天涯吏役长纷纷，使君忧民惨容色。

就焙尝茶坐诸客，几回到口重咨嗟。

嫩绿鲜芳出何力，山中有酒亦有歌。

乐营房户皆仙家，仙家十队酒百斛。

金丝宴馔随经过，使君是日忧思多。

客亦无言征绮罗，殷勤绕焙复长叹。

官府例成期如何！吴民吴民莫憔悴，使君作相期苏尔。

【注释】

①李郢：字楚望，长安人，大中十年（856）进士，历任湖州从事、侍御史大夫，与贾岛、李商隐、杜牧等诗人为朋友。

②使君：对州郡长官的尊称。

走笔谢孟谏议寄新茶（《全唐诗》卷三百八十八）①

卢仝

日高丈五睡正浓，军将打门惊周公。②

口云谏议送书信，白绢斜封三道印。

开缄宛见谏议面，手阅月团三百片。③

闻道新年入山里，蛰虫惊动春风起。

天子须尝阳羡茶，百草不敢先开花。

仁风暗结珠琲瓃，先春抽出黄金芽。④

摘鲜焙芳旋封裹，至精至好且不奢。

至尊之余合王公，何事便到山人家。

柴门反关无俗客，纱帽笼头自煎吃。⑤

碧云引风吹不断，白花浮光凝碗面。

一碗喉吻润，两碗破孤闷。

三碗搜枯肠，唯有文字五千卷。

四碗发轻汗，平生不平事，尽向毛孔散。

五碗肌骨清，六碗通仙灵。

七碗吃不得也，唯觉两腋习习清风生。

蓬莱山，在何处？玉川子，乘此清风欲归去。⑥

山上群仙司下土，地位清高隔风雨。

安得知百万亿苍生命，堕在巅崖受辛苦！

便为谏议问苍生，到头还得苏息否？

【注释】

①孟谏议：指孟简，是诗人的朋友，任官谏议大夫。孟简，字几道，德州平昌县（今山东省临邑县德平镇）人。

②惊周公：梦周公谓睡觉。《论语·述而》记载，孔子感慨自己衰老曰："甚矣吾衰也，久矣吾不复梦见周公。"

③月团：一种团茶。

④琲瓃（bèi léi）：蓓蕾，未绽放的花苞。

⑤纱帽笼头：将乌纱帽罩在头上。纱帽是唐代从皇帝到一般官员都戴的官帽。

⑥蓬莱山、玉川子：蓬莱山是古代传说里在齐鲁一代的海上仙山。玉川子是诗人卢仝的别号。

和门下殷侍郎新茶二十韵（《全唐诗》卷七百五十五）

徐铉①

暖吹入春园，新芽竞粲然。才教鹰觜拆，未放雪花妍。

荷杖青林下，携筐旭景前。

孕灵资雨露，钟秀自山川。

碾后香弥远，烹来色更鲜。名随土地贵，味逐水泉迁。

力藉流黄暖，形模紫笋圆。

正当钻柳火，遥想涌金泉。

任道时新物，须依古法煎。轻瓯浮绿乳，孤灶散余烟。

甘荠非予匹，宫槐让我先。竹孤空冉冉，荷弱谩田田。

解渴消残酒，清神感夜眠。十浆何足馈，

百榼尽堪捐。采撷唯忧晚，营求不计钱。任公因焙显，

陆氏有经传。爱甚真成癖，尝多合得仙。亭台虚静处，②

风月艳阳天。自可临泉石，何妨杂管弦。东山似蒙顶，愿得从

诸贤。

【注释】

①徐铉：南唐到北宋初年的诗人、书法家、官员，字鼎臣，广陵（今江苏扬州市）人，曾受诏令校订《说文解字》，与韩熙载齐名，合称"韩徐"，又与弟弟徐锴皆有名，时人号作"二徐"。

②陆氏有经传：谓陆羽所著的《茶经》。

紫笋茶歌(《全唐诗》卷六百七十)

秦韬玉

天柱香芽露香发，烂研瑟瑟穿获箧。①

太守怜才寄野人，山童碾破团团月。

倚云便酌泉声煮，兽炭潜然虬珠吐。②

看着晴天早日明，鼎中飒飒筛风雨。

老翠香尘下才熟，搅时绕箸天云绿。

耽书病酒两多情，坐对闽瓯睡先足。

洗我胸中幽思清，鬼神应愁歌欲成。

【注释】

①获箧：盛放茶叶的竹制筐。此句描写茶叶从孔隙处露出的情状。

②兽炭潜然虬珠吐：兽炭，原指豪贵热酒时所添的兽形炭屑；潜然，或许是写木炭暂时未点燃而呈现的晦暗的形态；虬珠吐，是指木炭点燃后明亮如虬龙吐珠的样子。

夜闻贾常州崔湖州茶山境会想羡欢宴因寄此诗(《全唐诗》卷四百四十七)①

白居易

遥闻境会茶山夜，珠翠歌钟俱绕身。

盘下中分两州界，灯前合作一家春。②

青娥递舞应争妙，紫笋齐尝各斗新。

自叹花时北窗下，蒲黄酒对病眠人。③

【注释】

①贾常州崔湖州：贾常州指长庆年间湖州刺史贾𬭁，崔湖州是湖州刺史崔玄亮，二人共同主管造茶之事。白居易另有《夜泛阳坞入明月湾即事，寄崔湖州》诗亦写及此事。

②盘下中分两州界，灯前合作一家春：意谓湖州与常州被分作两部分，据方志记载，湖州与常州二境交界处有垂脚、啄木两座山岭，两州的茶多生长在境内山岭内，常州又有岭北峰，到造茶的时候，两州刺史都会至此处。

③蒲黄酒：以蒲黄和大豆、小豆为原料做成的药酒，主治水肿。

寄献湖州从叔员外（《全唐诗》卷六百七十四）

郑谷

顾渚山边郡，溪将罨画通。①

远看城郭里，全在水云中。

西阁归何晚，东吴兴未穷。

茶香紫笋露，洲迥白蘋风。

歌缓眉低翠，杯明蜡翦红。

政成寻往事，辍棹问渔翁。

【注释】

①溪将罨画通：指长兴的罨（yǎn）画溪。

西县途中二十韵（《全唐诗》卷五百六十）

薛能①

野客误桑麻，从军带镆铘。岂论之白帝，未合过黄花。②

落日投江县，征尘漱齿牙。蜀音连井络，秦分隔褒斜。③

碛路商逢使，山邮雀啅蛇。忆归临角黍，良遇得新瓜。④

食久庭阴转，行多屐齿洼。气清岩下瀑，烟漫雨余畬。

黄鸟当蚕候，稀蒿杂麦查。汗凉风似雪，浆度蜜如沙。

野色生肥芋，乡仪捣散茶。梯航经杜宇，烽候彻苴咩。⑤

逗石流何险，通关运固赊。葛侯真竭泽，刘主合亡家。⑥

陷彼贪功吠，贻为黩武夸。阵图谁许可，庙貌我揄揶。

闲事休征汉，斯行且咏巴。音繁来有铎，轵尽去无车。

溢目看风景，清怀啸月华。焰樵烹紫笋，腰簟憩乌纱。

杞国忧寻悟，临邛渴自加。移文莫有诮，必不滞天涯。⑦

【注释】

①薛能：字太拙，河东汾州（山西汾阳县）人。晚唐官员，著名诗人，著有《薛能诗集》十卷、《繁城集》一卷。

②镆铘：又写作莫邪，原本是春秋时期著名的铸剑师干将的妻子，二人俱以铸剑闻名天下，后来泛指锋利的宝剑。

③井络：刘渊林注引《河图括地象》曰："岷山之地，上为井

络。"褒斜：指褒斜道，古代从关中（秦地）进入巴蜀的必经之地是褒斜道，在今陕西汉中境内。

④山邮：意谓山中的驿站。角黍：汉唐之间对粽子的称呼。

⑤烽候彻苴咩：烽候，亦写作"烽堠"，谓烽火台。苴咩（jū miē），指枯草。

⑥葛侯：谓诸葛亮，被封为武侯。

⑦临邛渴：西汉文学家司马相如曾经与卓文君居住在临邛，身患消渴之疾。

西山兰若试茶歌（《全唐诗》卷三百五十六）①

刘禹锡

山僧后檐茶数丛，春来映竹抽新茸。

宛然为客振衣起，自傍芳丛摘鹰觜。②

斯须炒成满室香，便酌砌下金沙水。③

骤雨松声入鼎来，白云满碗花徘徊。

悠扬喷鼻宿醒散，清峭彻骨烦襟开。

阳崖阴岭各殊气，未若竹下莓苔地。

炎帝虽尝未解煎，桐君有箓那知味。④

新芽连拳半未舒，自摘至煎俄顷余。

木兰沾露香微似，瑶草临波色不如。

僧言灵味宜幽寂，采采翘英为嘉客。

不辞缄封寄郡斋，砖井铜炉损标格。

何况蒙山顾渚春，白泥赤印走风尘。

欲知花乳清泠味，须是眠云跂石人。⑤

【注释】

①西山兰若：兰若是寺庙的别称，此诗或许写于大和六年（832）作者任苏州刺史时。

②鹰觜：又写作鹰嘴，茶名，原产于四川蒙山地区。

③金沙水：指的是湖州市长兴县金沙泉。

④炎帝虽尝未解煎：根据陆羽《茶经》的说法，茶是发源于炎帝的，经过鲁周公而闻名于世。桐君有箓那知味：桐君据说是黄帝时代的医师，在浙江桐庐山下结庐隐居，以采集药草为务，并撰写有《桐君采药录》。

⑤眠云跂石人：指山野间悠闲自在之人，指诗歌里的僧人和诗人自己。

岁日先把屠苏酒戏唐仁烈（《全唐诗》卷五百一十三）

裴夷直①

自知年几偏应少，先把屠苏不让春。②

傥更数年逢此日，还应惆怅羡他人。③

【注释】

①裴夷直：字礼卿。吴（今苏州）人，唐宪宗时的诗人，做过右拾遗、中书舍人等官。

②年几：年纪的另一种写法。此句是诗人向唐仁烈所作的

戏言，意谓自己年纪尚小，所以可以不用谦让而先饮屠苏酒。

③"傥更"二句：此二句是诗人假想再过数年以后自己年龄老大，便不可先饮酒了。

顾渚行寄裴方舟（《全唐诗》卷八百二十一）①

皎然

我有云泉邻渚山，山中茶事颇相关。

鵁鶄鸣时芳草死，山家渐欲收茶子。②

伯劳飞日芳草滋，山僧又是采茶时。

由来惯采无近远，阴岭长分阳崖浅。

大寒山下叶未生，小寒山中叶初卷。

吴婉携笼上翠微，蒙蒙香刺冒春衣。

迷山乍被落花乱，度水时惊啼鸟飞。

家园不远乘露摘，归时露彩犹滴沥。

初看怕出欺玉英，更取煎来胜金液。

昨夜西峰雨色过，朝寻新茗复如何。

女宫露涩青芽老，尧市人稀紫笋多。

紫笋青芽谁得识，日暮采之长太息。

清泠真人待子元，贮此芳香思何极。

【注释】

①裴方舟：诗人的朋友，作者另有诗歌《西白溪流期裴方舟不至》《冬日梅溪送裴方舟之宣州》。

②鹈鴃鸣时芳草死：典故出自《离骚》："恐鹈鴃之先鸣兮，使夫百草为之不芳。"

谢寄新茶（《全唐诗》卷四百六十四）

杨嗣复①

石上生芽二月中，蒙山顾渚莫争雄。

封题寄与杨司马，应为前衔是相公。②

【注释】

①杨嗣复：字继之，又字庆门，虢州弘农（今河南省灵宝县）人。唐德宗贞元年间诗人、官员。

②司马：主管军事的高级官员。前衔是相公：前衔谓之前的官职，相公指的是宰相。

随时空变迁的不同酒味

春风送暖入屠苏

对汉族人来说，一年当中最重要的节日是新年，在这个特殊的节日里饮食自然也与平常有所区别。唐代人在新年伊始所饮用的美酒是屠苏酒。这个名字或许并不陌生，而这可能要归功于北宋的大诗人王安石，他写过一首热闹欢快的小诗《元日》，这首诗曾经被选入过小学语文教科书里，因此许多人可能在年幼的时候便已经接触甚至背诵过这首诗。诗中有句曰："爆竹声中一岁除，春风送暖入屠苏。"所谓"春风送暖入屠苏"即是写新年的春风带着温暖的气息进入人们饮用的屠苏酒里。

王安石虽然是北宋人，所写的是宋代的情形，只是北宋与唐代相去未远，许多东西都还保持着一致。所以这首诗里的场面，与几百年前的唐代应当也是一样的。因为新年饮屠苏酒也屡屡见诸唐人诗篇，譬如裴夷直《岁日先把屠苏酒戏唐仁烈》内写道："自知年几偏应少，先把屠苏不让春。傥更数年逢此日，还应惆怅羡他人。"顾况《岁日作》里写道："不觉老将春共至，更悲携手几人全。还丹寂寞羞明镜，手把屠苏让少年。"这两首唐人的新岁抒情与王安石的略有不同，诗人们总是在慨叹自己年华老去，羡慕旁人青春年少，因此诗歌中充斥了某种伤感之情。之所以如此，是因为从南北朝开始新年的节庆中有一项敬酒活动，规矩是依据年齿长幼，从年幼者开始饮，老者殿后。宗懔《荆楚岁时记》和董勋《问礼俗》中解释说是因为老者失岁，少者得岁。所以此举似有对年少者鼓舞之意。然而于老者，则不免不近人情，这就是裴夷直与顾况诗中情感所致之缘由。当然，也有与此情感不同的诗句。比如卢象的《句》里写道："书名会粹才偏逸，酒号屠苏味更醇。"这便是直接写屠苏酒的美味醇香。又如徐彦伯《拟古三首》中写道："五日休浣时，屠苏绕玉屏。橘花覆北沼，桂树交西荣。"鲍溶《范真传侍御累有寄因奉酬十首》写道："岁酒劝屠苏，楚声山鹧鸪。春风入君意，千日不须臾。"权德舆《甲子岁元日呈郑侍御明府》中有句曰："世故看风叶，生涯寄海田。屠苏聊一醉，犹赖主人贤。"即使时运不济、新年窘迫，屠苏酒依然是诗人所念念不忘的。雍陶《酬李绀岁除送酒》就写了这样一件事，诗里叙写道："岁尽贫生事事须，就中深恨酒钱无。故人充寿能分送，远客消愁免自沽。一夜四乘倾凿落，五更三点把屠苏。已供时节深珍重，况许今朝更挈壶。"可见屠苏酒应当是比较醇美、高品质的酒，似乎不在新年期间的重要场合亦可以佐欢。卢照邻在《长安古意》内写道："汉代金吾千骑来，翡翠屠苏鹦鹉杯。罗襦宝带为君解，燕歌赵舞为君开。别有豪华称将相，转日回天不相让。"

　　那么屠苏酒的屠苏究竟是何物？新年饮屠苏酒本来是为了避除瘟疫，所以屠苏酒原本是一种药酒，据说是由汉代著名医家华佗和唐代的孙思邈相继创造、推广而成，是用大黄、白术、桂枝、防风、花椒、乌头、附子等中药入酒中浸制而成。

　　《岁华纪丽》又有一种说法，谓造这种酒的屋子名屠苏屋，屠的意思是割取，苏是腐草，合起来的意思是割腐草为药。

岁日作（《全唐诗》卷二百六十七）

顾况①

不觉老将春共至，更悲携手几人全。

还丹寂寞羞明镜，手把屠苏让少年。②

①顾况：字逋翁，号华阳真逸（隐），苏州海盐县（今浙江省海盐县）人，开元年间诗人、官员。

②还丹寂寞：还丹是道教炼丹术中用丹砂烧成水银以后再回转为丹砂的丹药，古人认为服用还丹可以成仙或者返老还童。

拟古三首（其二）（《全唐诗》卷七十六）

徐彦伯①

读书三十载，驰骛周六经。儒衣干时主，忠策献阙廷。
一朝奉休盼，从容厕群英。束身趋建礼，秉笔坐承明。②
廨署相填噎，僚吏纷纵横。五日休浣时，屠苏绕玉屏。③
橘花覆北沼，桂树交西荣。树栖两鸳鸯，含春向我鸣。④
皎洁绮罗艳，便娟丝管清。扰扰天地间，出处各有情。
何必岩石下，枯槁闲此生。

【注释】

①徐彦伯：名洪，以字行，兖州瑕丘人。初唐时期著名文人，被称为"河东三绝"之一。

②休盼：意谓得到上级的垂青。趋建礼：汉唐时期尚书郎主掌作文、起草文书，往往要在建礼门内值夜班。应劭《汉官仪》："尚书郎主作文书起草。夜更直五日于建礼门内。"坐承明：承明庐是侍臣值宿所居之处。

③填噎：堵塞拥挤之意。五日休浣：五日即《汉官仪》中所

载的尚书郎要在建礼门内夜更直五日，休浣指官吏休假。

④荣：屋檐两端上翘的地方，俗称飞檐。

范真传侍御累有寄因奉酬十首（其十）（《全唐诗》卷四百八十五）

鲍溶①

岁酒劝屠苏，楚声山鹧鸪。

春风入君意，千日不须臾。

【注释】

①鲍溶：字德源，元和年间进士，是中唐和晚唐时期的诗人，唐宋诗人对他评价颇高。

甲子岁元日呈郑侍御明府（《全唐诗》卷三百二十五）①

权德舆②

万里烟尘合，秦吴遂渺然。③

无人来上国，洒泪向新年。④

世故看风叶，生涯寄海田。

屠苏聊一醉，犹赖主人贤。

【注释】

①甲子岁：唐德宗兴元元年（784），此时诗人年二十六岁，赋闲居于丹阳。郑侍御明府：或疑为丹阳县郑姓县令。

②权德舆：字载之，天水略阳（今甘肃省秦安县）人，唐代

中期的宰相、知名诗人。

③秦吴：秦吴原指相距甚远的两地，此处或亦有实指，吴即诗人所在的丹阳，秦或指唐王朝的首都长安。

④上国：指首都长安，当时地方藩镇割据，故有谓首都为上国者。

酬李绀岁除送酒（《全唐诗》卷六百一十八）

雍陶①

岁尽贫生事事须，就中深恨酒钱无。

故人充寿能分送，远客消愁免自沽。

一夜四乘倾凿落，五更三点把屠苏。

已供时节深珍重，况许今朝更挈壶。

【注释】

①雍陶：字国钧，成都（今四川成都市）人，晚唐诗人。太和年间进士，任官简州刺史。

松花酒熟傍看醉

"五粒松花酒，双溪道士家。"这是岑参在《题井陉双溪李道士所居》里面所写的两句。在两条清澈的溪水流经的地方，有一位李姓的道士在此结庐隐居修炼，他的生活中有时会出现一种由松花做就的美酒，或许这种黄绿色的香洌美酒为他清净的修炼日常增添了不少滋味。当然，这种美酒并不单单独属于这位在井陉双溪隐居的李道士，唐代的许多方外高人、佛门中的一些僧侣也曾享用过这里提到的松花酒，譬如刘长卿《夜宴洛阳程九主簿宅送杨三山人往天台寻智者禅师隐居》里写道："藜杖闲倚壁，松花常醉眠。"又如许浑在《和友人送僧归桂州灵岩寺》里所写的："松花浮水注瓶香。南京长老几年别。"世俗之徒去拜访有道高僧时便一同在松花酒中感受轻妙的欢欣，马戴《赠鄠县尉李先辈二首》里有句曰："闲检仙方试，松花酒自和。"刘长卿在《自紫阳观至华阳洞宿侯尊师草堂简同游李延年》里写道："萝月延步虚，松花醉闲宴。"于是尘世中的凡夫俗子也爱上了这种被认为可以延年益寿的佳酿。郭受《寄杜员外》中写道："江湖天阔足风涛。松花酒熟傍看醉。"刘长卿《奉使新安自桐庐县经严陵钓台宿七里滩下寄使院诸公》里有句曰："何时故山里，却醉松花酿。"王建《设酒寄独孤少府》里写道："自看和酿一依方，缘看松花色较黄。不分君家新酒熟。"甚至像白居易在病中也不忍舍弃松花酒，他的《枕上作》里写道："腹空先进松花酒，膝冷重装桂布裘。"白居易空腹饮松花酒或许并不是因为口馋，据孙思邈的《备急千金方》里的说法，松花酒对风痹、不能行走的病有疗效。而白居易这首《枕上作》主要写的就是他中风之后的事。其实道士和僧侣们喜爱松花酒的主要原因也是它的药用价值，古人认为松花酒可以延年益寿，甚至有助于修炼登仙。古人选取松鹤作为长寿的象征，发现松树、柏树是四时常青的，这和松花酒可以延年益寿是同一类的看法。王建《设酒寄独孤少府》里描写了松花酒黄绿澄澈的颜色，许浑《和友人送僧归桂州灵岩寺》写出了松花酒的香味，这些也是人们钟情松花酒的原因，而它的延年益寿应当更是吸引凡夫俗子和方外高人的缘故。

唐人似乎还会用松花制作松花茶，刘禹锡《送蕲州李郎中赴任》中写道："松花满碗试新茶。楼中饮兴因明月，江上诗情为晚霞。"李德裕《忆茗芽》里写道："谷中春日暖，渐忆掇茶英。欲及清明火，能销醉客醒。松花飘鼎泛，兰气入瓯轻。饮罢闲无事。"这两首诗歌都提及松花，诗里的信息似乎直指茶茗，但是诗意之间仿佛又与酒发生隐微的关联。刘诗里的"满碗试新茶"、李诗的题目和首句都是说茶，可是刘诗第二句中跳出来了"饮兴因明月"，李诗末句的"饮罢闲无事"，这样的两句放在所有唐诗里面看，饮应当是饮酒之意，何况刘诗中的饮是在月色照临下的高楼中。这教人不得不联想起李白的《月下独酌四首》和《与夏十二登岳阳楼》两首名篇来，而这两首诗的确是写饮酒。所以对刘禹锡和李德裕两首诗的模糊地带暂时存而不论可矣。毕竟其他例句可以充分说明唐代松花酒的一般情况。

题井陉双溪李道士所居（《全唐诗》卷二百〇一）①

岑参

五粒松花酒，双溪道士家。②

唯求缩却地，乡路莫教赊。③

【注释】

①井陉双溪：在今河北省井陉县。

②五粒松：松树的一种，又名五鬛松，叶子是针形，如鬛毛，且是五叶丛生，故得名。

③缩地：《神仙传》里记载道士费长房有缩地的仙术，可以将数千里的地伸缩自如。

和友人送僧归桂州灵岩寺（《全唐诗》卷五百三十四）①

许浑

楚客送僧归桂阳，海门帆势极潇湘。②

碧云千里暮愁合，白雪一声春思长。

柳絮拥堤添衲软，松花浮水注瓶香。③

南京长老几年别，闻道半岩多影堂。④

【注释】

　　①桂州：唐代设置始安郡，即桂州，在今广西桂林市。

　　②楚客、潇湘：根据诗意，诗人的这位友人或许是湘楚人士。

　　③衲软：僧人穿的衣服叫衲衣。

　　④影堂：禅宗初祖达摩来到嵩山以后在山洞中面壁九年，后人在山中建造影堂，供奉有禅宗历代祖师的画像。

赠鄠县尉李先辈二首（其二）（《全唐诗》卷五百五十六）①

马戴②

休官不到阙，求静匪营他。

种药唯愁晚，看云肯厌多。

渚边逢鹭下，林表伴僧过。

闲检仙方试，松花酒自和。

【注释】

　　①鄠县尉：鄠县今属于陕西省西安市，县尉负责一县的治安。

　　②马戴：字虞臣，定州曲阳（今河北省曲阳县）或华州（今属陕西）人，晚唐时期著名诗人。

寄杜员外（《全唐诗》卷二百六十一）

郭受①

新诗海内流传久，旧德朝中属望劳。

郡邑地卑饶雾雨，江湖天阔足风涛。

松花酒熟傍看醉，莲叶舟轻自学操。

春兴不知凡几首，衡阳纸价顿能高。

【注释】

①郭受：大历年间诗人。

枕上作(《全唐诗》卷四百五十八)

白居易

风疾侵凌临老头，血凝筋滞不调柔。①

甘从此后支离卧，赖是从前烂漫游。

回思往事纷如梦，转觉余生杳若浮。

浩气自能充静室，惊飙何必荡虚舟。

腹空先进松花酒，膝冷重装桂布裘。

若问乐天忧病否，乐天知命了无忧。

【注释】

①风疾：白居易晚年患有中风之疾，行动不便。

送蕲州李郎中赴任(《全唐诗》卷三百五十九)

刘禹锡

楚关蕲水路非赊，东望云山日夕佳。

薤叶照人呈夏簟，松花满碗试新茶。①

楼中饮兴因明月，江上诗情为晚霞。

北地交亲长引领，早将玄鬓到京华。

【注释】

①薤：一种类似葱和韭菜的蔬菜。夏簟：夏天的凉席。

忆茗芽（《全唐诗》卷四百七十五）

李德裕

谷中春日暖，渐忆掇茶英。

欲及清明火，能销醉客醒。

松花飘鼎泛，兰气入瓯轻。

饮罢闲无事，扪萝溪上行。

月下独酌四首（其一）（《全唐诗》卷一百八十二）

李白

花间一壶酒，独酌无相亲。

举杯邀明月，对影成三人。

月既不解饮，影徒随我身。

暂伴月将影，行乐须及春。

我歌月徘徊，我舞影零乱。

醒时同交欢，醉后各分散。

永结无情游，相期邈云汉。

与夏十二登岳阳楼（《全唐诗》卷一百八十）①

李白

楼观岳阳尽，川迥洞庭开。

雁引愁心去，山衔好月来。

云间连下榻，天上接行杯。

醉后凉风起，吹人舞袖回。

【注释】

①岳阳楼：在岳州郡治（今湖南省岳阳市）西南，西邻洞庭湖，左接君山。

瓜果蔬菜

水果走进宫禁和平民之家

梨要吃熟的

主食之外，瓜果菜蔬也是人类食物的重要组成部分，唐代人当然也喜爱吃水果，最有名的故事恐怕无过杨贵妃爱荔枝了。唐明皇的爱妃杨玉环嗜好吃荔枝，而且要新鲜的，所以唐明皇为了博取美人欢心，不惜派遣专人从数千里之外采摘新鲜的荔枝送入长安。为讽刺此事，大诗人杜牧写过一首脍炙人口的《过华清宫》，诗中有名句曰："一骑红尘妃子笑，无人知是荔枝来。"从此事可见一斑。

前面在提及栗的时候，一种今日我们依然常见的水果——梨也往往被诗人们写进诗歌。李白《行路难》（其二）中写道："羞逐长安社中儿，赤鸡白雉赌梨栗。"同样在岑参的《冬夜宿仙游寺南凉堂呈谦道人》中梨与栗也一并露面，诗人写道："林晚栗初拆，枝寒梨已红。物幽兴易惬，事胜趣弥浓。"还有韩愈《赠刘师服》："妻儿恐我生怅望，盘中不钉栗与梨。"李德裕《怀山居邀松阳子同作》写道："醉忆剖红梨，饭思食紫蕨。"

复次，许多其他诗人也曾描写过这种可口而寻常的水果，卢纶《晚次新丰北野老家书事呈赠韩质明府》中写道："数派清泉黄菊盛，一林寒露紫梨繁。"李顾《送裴腾》："香露团百草，紫梨分万株。"杜甫《题张氏隐居二首》写道："杜酒偏劳劝，张梨不外求。"这些诗里所写的梨子都是在民间百姓的口舌之间的果子，实际上，即便是身处皇宫内院里的九五至尊似乎也抵挡不了这种水果的滋味。《太平广记》里记载："肃宗尝夜坐，召颍王等三弟同于地炉罽毯上食，以泌多绝粒，肃宗每为自烧二梨以赐泌。"肃宗皇帝还写过诗来记述此事，《赐梨李泌与诸王联句》中写道："不食千钟粟，唯餐两颗梨。"

别的史料文献也描绘了梨在唐代的一些模糊的轮廓。段成式《酉阳杂俎》卷十记载："洛阳报德寺梨重六斤。"可见唐代的梨子曾经出现过十分硕大的。《酉阳杂俎》续集卷九写道："曹州及扬州淮口出夏梨。"钱易《南部新书》卷十记载："长安盛要，哀家梨最为清珍。谚谓：'愚者得哀家梨必蒸吃。'今咸阳出水蜜梨，尤佳，鄂杜间亦有之。父老或谓是哀家种。"由此条记录与唐肃宗故事合而观之，唐代人吃梨有蒸与烧两种不同的吃法。

冬夜宿仙游寺南凉堂呈谦道人①（《全唐诗》卷一百九十八）

岑参

太乙连太白，两山知几重。路盘石门窄，匹马行才通。②

日西倒山寺，林下逢支公。昨夜山北时，星星闻此钟。③

秦女去已久，仙台在中峰。箫声不可闻，此地留遗踪。④

石潭积黛色，每岁投金龙。乱流争迅湍，喷薄如雷风。

夜来闻清磬，月出苍山空。空山满清光，水树相玲珑。

回廊映密竹，秋殿隐深松。灯影落前溪，夜宿水声中。

爱兹林峦好，结宇向溪东。相识唯山僧，邻家一钓翁。

林晚栗初拆，枝寒梨已红。物幽兴易惬，事胜趣弥浓。

愿谢区中缘，永依金人宫。寄报乘辇客，簪裾尔何容。⑤

【注释】

①仙游寺：在周至县南黑水峪口，隋代所建，原系隋文帝之行宫，隋文帝为安置佛舍利而改作寺庙。

②太乙连太白：太乙即终南山，太白是太白山，为秦岭的主峰，在陕西省眉县。

③支公：魏晋时期高僧支遁，字道林。

④秦女去已久：仙游寺所在地旧传是秦穆公之女弄玉乘凤飞去之地。当时有一人名叫萧史，善于吹箫，似凤鸣，秦穆公便把女儿弄玉嫁与萧史，并为他们建筑了凤凰台，二人后来久

居在台上，最终一起飞升而去。

⑤区中缘：指尘世俗情。金人宫：指佛殿，汉明帝曾经梦中见到佛身为金人。

怀山居邀松阳子同作（卷四百七十五）

李德裕

我有爱山心，如饥复如渴，出谷一年余，常疑十年别。

春思岩花烂，夏忆寒泉冽。秋忆泛兰卮，冬思玩松雪。

晨思小山桂，暝忆深潭月。醉忆剖红梨，饭思食紫蕨。

坐思藤萝密，步忆莓苔滑。昼夜百刻中，愁肠几回绝。

每念羊叔子，言之岂常辍。人生不如意，十乃居七八。

我未及悬舆，今犹佩朝绂。焉能逐麋鹿，便得游林樾。①

范恣沧波舟，张怀赤松列。惟应诟身恤，岂敢忘臣节。②

器满自当歃，物盈终有缺。从兹返樵径，庶可希前哲。

【注释】

①悬舆：谓辞官致仕。绂（fú）：官印的纽带。

②赤松列：赤松子是古代传说中的仙人，史书中记载西汉名臣张良在辅佐刘邦建立国家之后便辟谷欲从赤松子游。

送裴腾

李颀

养德为众许，森然此丈夫。放情白云外，爽气连虬须。

衡镜合知子，公心谁谓无。还令不得意，单马遂长驱。

桑野蚕忙时，怜君久踟蹰。新晴荷卷叶，孟夏雉将雏。

令弟为县尹，高城汾水隅。相将簿领闲，倚望恒峰孤。

香露团百草，紫梨分万株。归来授衣假，莫使故园芜。

晚次新丰北野老家书事呈赠韩质明府（《全唐诗》卷二百七十八）①

卢纶

机鸣春响日暾暾，鸡犬相和汉古村。

数派清泉黄菊盛，一林寒露紫梨繁。

衰翁正席矜新社，稚子齐襟读古论。②

共说年来但无事，不知何者是君恩。

【注解】

①明府：对官府长官的尊称。

②古论：《论语》的一种版本（古文本《论语》）。

题张氏隐居二首（其二）

杜甫

之子时相见，邀人晚兴留。

霁潭鳣发发，春草鹿呦呦。①

杜酒偏劳劝，张梨不外求。②

前村山路险，归醉每无愁。

【注解】

①鳣发发：典出《诗经·卫风·硕人》"鳣鲔发发"，形容鱼繁盛的样貌。鹿呦呦：典出《诗经·小雅·鹿鸣》"呦呦鹿鸣，食野之苹"。

②杜酒：旧云酒是杜康发明的，又且诗人姓杜。

江南有丹橘

在中国文学史的开端时期，有一篇描写水果的名篇，这就是著名爱国诗人屈原所写作的《橘颂》。屈原生活在战国时期的楚国，说明那个时候的中国南方便已经生长了橘子这种水果。从此之后，到三国时期出现了一个与橘子有关的名人典故——"陆绩怀橘"。《三国志·吴志》里记载了当时吴国的大臣陆绩幼年时候的一件事，陆绩六岁的时候去见袁术，袁术拿出橘子给陆绩吃，等他告辞的时候三枚橘子从怀中滑落出来，被袁术看见，追问之下才知道原来是年幼的陆绩想要将橘子带回家给自己母亲享用。这个故事体现了陆绩的孝心，所以此事后来就被收入"二十四孝"内，成为后世广为人知的故事。事实上从这个故事里我们可以知道在三国时期，橘子是受人们喜爱的一种水果。

直到唐朝，橘依然是南中国的一种重要水果，许多唐代诗人都在诗歌里或简或繁地描写过橘子。张九龄《感遇十二首》内写道："江南有丹橘，经冬犹绿林。"张九龄这句诗是托物言志，赞扬橘子可以度过寒冬而依旧不改青绿之色，借以表达自己追求橘子的这种品格精神。王昌龄《送魏二》则写道："醉别江楼橘柚香，江风引雨入舟凉。"李白在《秋登宣城谢朓北楼》里也写道："人烟寒橘柚，秋色老梧桐。"李白《秋日登扬州西灵塔》中亦有句曰："露浴梧楸白，霜催橘柚黄。"两位诗人观察到在酒楼与江畔也是有橘子树的，在酒楼送别的饯别宴上都可以闻到橘子的清香，可见种植橘子的地方比较多。除了张九龄诗里所写的绿林（可能是大片野生或人工种植的橘子园），还有这种零星生长的橘子树。又如白居易《轻肥》中写道："果擘洞庭橘，脍切天池鳞。"唐末诗人谭用之在《秋宿湘江遇雨》中写道："乡思不堪悲橘柚，旅游谁肯重王孙。"大诗人杜甫在名篇《自京赴奉先县咏怀五百字》中有两句写道："劝客驼蹄羹，霜橙压香橘。"从上文例句可以发现，唐人习惯将橘子与柚子并称，大概是因为这两种水果比较近似的缘故。

感遇十二首（其七）（《全唐诗》卷四十七）

张九龄

江南有丹橘，经冬犹绿林。

岂伊地气暖，自有岁寒心。

可以荐嘉客，奈何阻重深！

运命惟所遇，循环不可寻。

徒言树桃李，此木岂无阴？

送魏二（《全唐诗》卷一百四十三）

王昌龄

醉别江楼橘柚香，江风引雨入舟凉。

忆君遥在潇湘月，愁听清猿梦里长。

秋登宣城谢朓北楼（《全唐诗》卷一百八十）①

李白

江城如画里，山晚望晴空。

两水夹明镜，双桥落彩虹。

人烟寒橘柚，秋色老梧桐。

谁念北楼上，临风怀谢公。

【注释】

①谢朓北楼：谢朓是南朝齐的著名诗人，曾经出任宣城太

守，在宣城建楼名高斋。

秋日登扬州西灵塔（《全唐诗》卷一百八十）

李白

宝塔凌苍苍，登攀览四荒。

顶高元气合，标出海云长。

万象分空界，三天接画梁。

水摇金刹影，日动火珠光。

鸟拂琼帘度，霞连绣栱张。

目随征路断，心逐去帆扬。

露浴梧楸白，霜催橘柚黄。

玉毫如可见，于此照迷方。

秋宿湘江遇雨（《全唐诗》卷七百六十四）

谭用之①

湘上阴云锁梦魂，江边深夜舞刘琨。②

秋风万里芙蓉国，暮雨千家薜荔村。

乡思不堪悲橘柚，旅游谁肯重王孙。③

渔人相见不相问，长笛一声归岛门。

【注解】

①谭用之：唐末五代诗人，史书中所载资料非常有限。而从作品来看，诗人富有才气，但时运不济，似乎未曾得志于时。

②深夜舞刘琨：刘琨是西晋时候的诗人，字越石，官至并州刺史，在西晋与匈奴对峙时期，曾在前线与刘聪、石勒抗衡。刘琨与祖逖二人是好友，二人皆有大志，每天早晨听见鸡鸣便起来练习舞剑。此处是诗人用刘琨自比。

③悲橘柚：橘柚多产于南方，故诗人触景生情。重王孙:《楚辞·招隐士》曰："王孙游兮不归，春草生兮萋萋。"诗人因为旅居在外，故用此典以自况。

红润园桃熟

送别是唐诗里非常重要的一个主题，大诗人李白写过非常有名的一首送别诗《赠汪伦》，这首名作与其中的名句一齐流传千古："桃花潭水深千尺，不及汪伦送我情。"这句诗早已是妇孺皆知的了。其中提到了一种美丽的花——桃花，桃花、桃树以及桃子是唐人生活中比较常见的东西。桃花美丽动人，桃子可口美味，因此诗人们从不吝惜笔墨来描写它们。与李白《赠汪伦》的写法接近的还有王之涣《宴词》中的"莫听声声催去棹，桃溪浅处不胜舟"。这反映出唐人喜欢在水畔种植桃树，送别时刻若是在水边的话便易于欣赏到桃花流水的风光，所以张志和的《渔父歌》中写过"桃花流水鳜鱼肥"。当然，桃树并非只在江边或水潭处种

唐·李昭道绘 《龙舟竞渡图》

唐·佚名 《宫乐图》(局部)

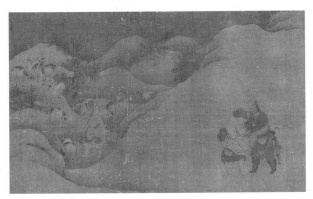

五代南唐·周文矩 《苏李别意图卷》

植，在城市里面也可以栽种，刘希夷有一首名篇《白头吟》，里面写道："洛阳城东桃李花，飞来飞去落谁家？"可见在城市里面也有桃树和桃花的容身之处，春天的时候春风会将桃花送入人们居住的屋子里。有的水井边也种植桃树，王昌龄在《春宫曲》里写道："昨夜风开露井桃，未央前殿月轮高。"道士们也爱在道观里种桃树，刘禹锡《玄都观桃花》内写道："玄都观里桃千树，尽是刘郎去后栽。"山野当然更是适合种植桃树的地方了。独孤及的《三月三日自京到华阴于山亭独酌寄裴六薛八》中写道："山县何所有，高城闭青春。和风不吾欺，桃杏满四邻。"

直接描写桃子的诗则有白居易《游平泉宴浥涧宿香山石楼赠座客》："紫鲜林笋嫩，红润园桃熟。采摘助盘筵，芳滋盈口腹。"总的来说，桃树在唐代是栽种地域较广的果树，桃子自然也是广受人们喜爱的水果之一。

赠汪伦（《全唐诗》卷一百七十一）

李白

李白乘舟将欲行，忽闻岸上踏歌声。

桃花潭水深千尺，不及汪伦送我情。

宴词（《全唐诗》卷二百五十三）

王之涣

长堤春水绿悠悠，畎入漳河一道流。①

莫听声声催去棹，桃溪浅处不胜舟。

【注释】

①畎：田间水沟。

白头吟（《全唐诗》卷二十）①

刘希夷

洛阳城东桃李花，飞来飞去落谁家？

洛阳女儿惜颜色，行逢落花长叹息。

今年落花颜色改，明年花开复谁在？

已见松柏摧为薪，更闻桑田变成海。

古人无复洛城东，今人还对落花风。

年年岁岁花相似，岁岁年年人不同。

寄言全盛红颜子，应怜半死白头翁。

此翁白头真可怜，伊昔红颜美少年。

公子王孙芳树下，清歌妙舞落花前。

光禄池台文锦绣，将军楼阁画神仙。②

一朝卧病无相识，三春行乐在谁边？

宛转蛾眉能几时？须臾鹤发乱如丝。

但看古来歌舞地，惟有黄昏鸟雀悲。

【注释】

①白头吟：此诗题目又作《代悲白头翁》。本来是汉乐府的旧调，而刘希夷则从洛阳女子写到白发老翁，慨叹光阴易逝，青春难继。

②光禄池台：指光禄寺（或光禄勋），其是古代的中央行政机构之一，在唐代负责掌管酒醴馔膳。

春宫曲（《全唐诗》卷一百四十三）

王昌龄

昨夜风开露井桃，未央前殿月轮高。①

平阳歌舞新承宠，帘外春寒赐锦袍。②

【注释】

①露井桃：井边种的桃树被春风催开了桃花，诗人借此点出了时节在春天的夜晚。未央前殿：未央宫是西汉时期皇后所居的宫殿。

②平阳歌舞：汉武帝原来的皇后是陈阿娇，后来汉武帝宠爱卫子夫，卫子夫本为平阳公主的歌女，因为歌舞曼妙而被汉武帝看中并召入宫，陈皇后因而失宠。此诗歌是借写汉朝的事情讽刺唐明皇宠幸杨贵妃。

三月三日自京到华阴于山亭独酌寄裴六薛八(《毘陵集校注》卷第一 诗上)

独孤及

祗役匪遑息，经时客三秦。

还家问节候，知到上巳辰。^①

山县何所有，高城闭青春。

和风不吾欺，桃杏满四邻。

旧友适远别，谁当接欢欣。

呼儿命长瓢，独酌湘吴醇。

一酌一朗咏，既酣意亦申。

言筌暂两忘，霞月只相新。

裴子尘表物，薛侯席上珍。

寄书二傲史，何日同车茵。

讵肯使空名，终然羁此身。

他年解桎梏，长作海上人。

【注释】

①上巳辰：上巳节，是古代春季非常重要的节日，开始定在春季三月上旬巳日。魏以后固定为每年三月三日。民众要去水边举办曲水流觞的活动。

游平泉宴漈涧宿香山石楼赠座客(《全唐诗》卷四百五十九)

白居易

逸少集兰亭，季伦宴金谷。^①

金谷太繁华，兰亭阙丝竹。

何如今日会，漈涧平泉曲。

杯酒与管弦，贫中随分足。

紫鲜林笋嫩，红润园桃熟。

采摘助盘筵，芳滋盈口腹。

闲吟暮云碧，醉藉春草绿。

舞妙艳流风，歌清叩寒玉。

古诗惜昼短，劝我令秉烛。

是夜勿言归，相携石楼宿。

【注释】

①逸少集兰亭：东晋书法家王羲之，字逸少，永和九年春季在会稽山的兰亭集会朋友，写下著名的行书书帖《兰亭集序》。季伦宴金谷：西晋石崇，字季伦，曾在金谷园大宴朋友。这两场集会是历史上非常有名的集会宴饮，但风格略不相同。金谷园会十分豪华富丽，兰亭集则风流高雅。

果林余苦李

从上文所选的诗句可以看出，唐人习惯将另外一类水果——李子与桃并称。除了刘希夷的"洛阳城东桃李花"以外，唐诗中还有不少这样的例子，譬如卢照邻《长安古意》："俱邀侠客芙蓉剑，共宿娼家桃李蹊。"张九龄《感遇十二首》结句写道："徒言树桃李，此木岂无阴？"又如王维《酬郭给事》："洞门高阁霭余晖，桃李阴阴柳絮飞。"李白《江夏赠韦南陵冰》："昨日绣衣倾绿樽，病如桃李竟何言。"贾岛《题兴化寺园亭》："破却千家作一池，不栽桃李种蔷薇。"可见种桃李是当时的风尚，所以对于兴化寺里不栽种桃李反而种植蔷薇的事情，诗人反而感到奇怪，如此的例句可谓不一而足。针对此种现象，甚至有诗人径直在诗歌中以简白的语言表达出来，中唐诗人于武陵《赠卖松人》写道："长安重桃李，徒染六街尘。"那么我们可以知道唐代东西两京都喜好种植桃树和李树。诗人们也回答了种植桃李的理由——桃李能够形成比较好的阴凉地，便于人们行走与歇脚。所以张九龄的诗句里为橘子树鸣不平，他认为："徒言树桃李，此木岂无阴？"至于王维的"洞门高阁霭余晖，桃李阴阴柳絮飞"更是描绘出一幅桃李成荫、柳絮纷飞的恬静风光。不仅仅是张九龄为橘子树向桃李鸣不平，桃李成荫似乎成为其他树木比较起来的一个共同对手。段成式《酉阳杂俎》卷十八记载了天宝初年，安西道进献了娑罗枝。进献的奏状中如是描写娑罗树："有娑罗树特为奇绝，不庇凡草，不止恶禽。笔干无惭于松栝，成阴不愧于桃李。"

上举诗中犹有一段需要提出，即如"共宿娼家桃李蹊"一句所暗示的那样，桃李树（或桃李花）是娼妓的代表，李尤甚。苏味道《正月十五夜》写道："游伎皆秾李，行歌尽落梅。"大抵是李花美艳，故而用来与娼妓作譬喻。这些当然是李在文化领域中的形象，它作为水果亦见于诗人笔下，孙逖《立秋日题安昌寺北山亭》中写道："果林余苦李，萍水覆甘蕉。"白居易《嘉庆李》更是专门歌咏洛阳城里的李子，诗人写道："东都绿李万州栽，君手封题我手开。把得欲尝先怅望。"洛阳城里的嘉庆李非常有名，韦述《两京记》写道："东都嘉庆坊有李树，其实甘鲜，为京城之美，故称嘉庆李。"也因此，李子另有一别名曰"嘉庆子"。

桃李并称非是自唐人开始，早在《诗经》里便已有李子来与桃子对文，《诗经·大雅·抑》曰："投我以桃，报之以李。"此即是我们今日"投桃报李"这个成语的来源。旁的还有一个比较常用的成语是"桃李不言，下自成蹊"，这同样是一个来源比较早的成语，出自《史记·李将军列传赞》司马迁引用的当时的民间谚语，可以说明从春秋时期至汉代桃李已经是经常连用的。时至唐代，也有人特地单独描写过李子这种水果，西晋初期的文学家傅玄写过一篇小赋，名曰《李赋》，这是一篇咏物赋，将李树从种植到开花、结果的全过程都予以翔实的描写记录。自然也少不了刻画李子的形态、滋味，《李赋》如是写道："既变洽熟，五色有章，种别类分，或朱或黄。甘酸得适，美逾蜜房。浮彩点驳，赤者如丹，入口流溅，逸味难原。见之则心悦，含之则神安。乃有河沂黄建，房陵缥青，一树三色，异味殊名。"

酬郭给事（《全唐诗》卷一百二十八）[①]

王维

洞门高阁霭余晖，桃李阴阴柳絮飞。

禁里疏钟官舍晚，省中啼鸟吏人稀。

晨摇玉佩趋金殿，夕奉天书拜琐闱。

强欲从君无那老，将因卧病解朝衣。[②]

【注释】

①酬郭给事：此诗作于天宝十四载（755）。给事：给事中，门下省设有给事中的官职，掌陪侍左右，分判省事。郭给事：

郭承嘏，字复卿。

②无那老：无那即无奈之意。

江夏赠韦南陵冰（《全唐诗》卷一百七十）①

李白

胡骄马惊沙尘起，胡雏饮马天津水。②

君为张掖近酒泉，我窜三色九千里。③

天地再新法令宽，夜郎迁客带霜寒。④

西忆故人不可见，东风吹梦到长安。

宁期此地忽相遇，惊喜茫如堕烟雾。

玉箫金管喧四筵，苦心不得申长句。⑤

昨日绣衣倾绿樽，病如桃李竟何言。⑥

昔骑天子大宛马，今乘款段诸侯门。

赖遇南平豁方寸，复兼夫子持清论。⑦

有似山开万里云，四望青天解人闷。

人闷还心闷，苦辛长苦辛。

愁来饮酒二千石，寒灰重暖生阳春。

山公醉后能骑马，别是风流贤主人。⑧

头陀云月多僧气，山水何曾称人意。⑨

不然鸣箫按鼓戏沧流，呼取江南女儿歌棹讴。

我且为君槌碎黄鹤楼，君亦为吾倒却鹦鹉洲。⑩

赤壁争雄如梦里，且须歌舞宽离忧。

【注释】

①韦南陵冰：韦冰，京兆人，李白的故交，曾做南陵县令。

②胡雏：指安禄山在范阳起兵一事。

③张掖：张掖郡，即甘州（今甘肃张掖县）。

④天地再新法令宽：天地再新指两京收复，法令宽指当年春季的大赦。

⑤长句：唐人将七言绝句以外的七言诗叫长句，这里泛指诗歌。

⑥绣衣：御史穿着绣衣。病如桃李：《史记》有"桃李不言，下自成蹊"，此句意谓抑郁成疾，似不言的桃李。

⑦南平：南平太守李之遥，是李白的从弟。方寸：谓心。

⑧山公：晋代的山简性嗜酒，镇守襄阳的时候曾在外饮酒大醉，却仍能骑马回家。

⑨头陀云月：江夏县内有头陀寺。

⑩黄鹤楼、鹦鹉洲：黄鹤楼是武昌的名楼；鹦鹉洲是黄鹤楼附近的一块江洲。崔颢曾经在黄鹤楼上题过名诗，李白暗中要与崔颢争胜较劲。

正月十五日夜（《全唐诗》卷六十五）

苏味道①

火树银花合，星桥铁锁开。

暗尘随马去，明月逐人来。

游伎皆秾李，行歌尽落梅。

金吾不禁夜，玉漏莫相催。^②

【注释】

①苏味道：字守真，赵州栾城（今河北省石家庄市栾城区）人，唐高宗乾封年间进士，武则天时任职宰相，初唐时"文章四友"之一。

②玉漏：古代计时用漏壶，玉漏指材质珍贵的漏壶。

立秋日题安昌寺北山亭（《全唐诗》卷一百一十八）^①

孙逖^②

楼观倚长霄，登攀及霁朝。高如石门顶，胜拟赤城标。^③

天路云虹近，人寰气象遥。山围伯禹庙，江落伍胥潮。^④

徂暑迎秋薄，凉风是日飘。果林余苦李，萍水覆甘蕉。^⑤

览古嗟夷漫，凌空爱泬寥。更闻金刹下，钟梵晚萧萧。^⑥

【注释】

①安昌寺：又名昌安寺、戒珠寺，在会稽（今浙江省绍兴市），原为王羲之故宅。

②孙逖：潞州涉县（今河北涉县）人。开元二年（714）举哲人奇士科，授山阴尉，迁秘书正字。后又举贤良方正科，拜左拾遗，迁左补阙。

③赤城：在今浙江省天台县北，土色为赤，状若云霞。

④伯禹庙：绍兴有大禹庙。伍胥潮：伍子胥是春秋时期吴

国的忠臣，吴王不听信伍子胥的谏言，并且杀死伍子胥，将他的身体丢入江中，尸体便随着江潮漂来荡去。

⑤徂暑：盛暑。

⑥夷漫：涤荡之意。

嘉庆李（《全唐诗》卷四百四十一）①

白居易

东都绿李万州栽，君手封题我手开。②

把得欲尝先怅望，与渠同别故乡来。③

【注释】

①嘉庆：东都洛阳有嘉庆坊。

②万州、君：本诗全题曰《和万州杨使君四绝句》，除这首《嘉庆李》之外，犹有《江边草》《白槿花》等。万州：今重庆市万州区。

③渠：第三人称"他"。

李赋（《历代赋汇》卷一百二十六）

（晋）傅玄

植中州之名果兮，结修根于芳园。嘉列树之蔚蔚兮，美弱枝之爱爱。既乃长条四布，密叶重阴。夕景回光，傍阴兰林。于是肃肃晨风，飘飘落英。潜实内结，丰彩外盈。翠质未变，形随运成。清角奏而微酸起，大宫动而和甘生。

既变治熟，五色有章，种别类分，或朱或黄。甘酸得适，美逾蜜房。浮彩点驳，赤者如丹，入口流溅，逸味难原。见之则心悦，含之则神安。

乃有河沂黄建，房陵缥青，一树三色，异味殊名。乃上代之所不睹兮，咸升御乎紫房。周万国之口实兮，充荐飨于神灵。昔怪古人之感贶，乃答之以宝琼。玩斯味之奇玮兮，然后知报之为轻。

家门口的枣树与邻居共享

和梨一样，枣子也是唐人日常食用的水果之一，而且在许多诗里诗人们都把这两种水果放在一起描写。如李吉甫《怀伊川赋》中写道："正是北州梨枣熟，梦魂秋日到郊园。"韦应物《答奴重阳二甥》中写道："贫居烟火湿，岁熟梨枣繁。"杜甫《雨过苏端》中写道："也复可怜人，呼儿具梨枣。"当然，枣也不乏单独露面的机会。李颀《送陈章甫》中写道："四月南风大麦黄，枣花未落桐叶长。"杜甫《又呈吴郎》中写道："堂前扑枣任西邻，无食无儿一妇人。不为困穷宁有此？"从这些诗句中可以看出，枣树不仅被种植在郊外的果园里，同时也矗立在住宅附近，来客人的时候，便可以非常方便地打来待客。平常亦可在特殊时刻以枣应急充饥。

而且枣子也是从南北朝时期就已经走进中国人的饮食史和文化史了。《政和本草》卷二十三引用南朝陶弘景说法："枣，河东猗氏县特异。今青州出者，形大核细，多膏，甚甜。"陶弘景的说法也表明当时优良品种的枣子产地是在北方，时至今日犹然。

怀伊川赋(《全唐诗》卷三百一十八)

李吉甫[1]

龙门南岳尽伊原，草树人烟目所存。[2]

正是北州梨枣熟，梦魂秋日到郊园。

【注释】

①李吉甫：唐德宗时期太常博士、诗人、学者，编纂了《元和郡县图志》(中国现存最早的一部方志地理著作)。

②龙门南岳：龙门在洛阳。伊原：龙门南是伊川县，地形地貌为低山丘陵，故谓之伊原。

雨过苏端(《全唐诗》卷二百一十七)[1]

杜甫

鸡鸣风雨交，久旱云亦好。杖藜入春泥，无食起我早。[2]

诸家忆所历，一饭迹便扫。苏侯得数过，欢喜每倾倒。

也复可怜人，呼儿具梨枣。浊醪必在眼，尽醉摅怀抱。

红稠屋角花，碧委墙隅草。亲宾纵谈谑，喧闹畏衰老。

况蒙霈泽垂，粮粒或自保。妻孥隔军垒，拨弃不拟道。③

【注释】

①雨过苏端：此诗作于至德二载（757），杜甫陷没于安史叛军之中，同自己的妻儿老小彼此隔绝。诗人冒着大雨去拜访自己的朋友苏端。

②鸡鸣风雨交：典出《诗经·鸡鸣》："风雨如晦，鸡鸣不已。"

③拨弃不拟道：抛弃放在一边暂时不谈论。

又呈吴郎（《全唐诗》卷二百三十一）

杜甫

堂前扑枣任西邻，无食无儿一妇人。①

不为困穷宁有此？只缘恐惧转须亲。

即防远客虽多事，使插疏篱却甚真。②

已诉征求贫到骨，正思戎马泪盈巾。③

【注释】

①扑枣任西邻：本诗的写作背景是大历二年（767），杜甫漂泊至四川，住在一所草堂中，西邻有一位妇人因为家贫经常来草堂前打枣充饥，杜甫从未阻止，后来诗人将屋子转让给吴姓亲戚（即诗中的吴郎）。

②即防远客、插疏篱：吴郎接手了屋子之后，不愿让妇人再来扑枣，便插上了篱笆，诗人在此劝说，他认为用篱笆阻挡这位邻居是太过较真了。

③已诉征求、正思戎马：征求是妇人向诗人表达的十分贫困的处境，诗人由此想到天下在战争之中动乱不安。

菜园里的作料

园里耨葱韭

单单有食材而缺乏作料似乎是难以做出美味佳肴的。和我们今日一样，唐人做饭也需要用到葱、韭菜之类的东西。宋代的陶谷在《清异录》里就认为葱可以"和美"各种食材，其作用有如药剂里面的甘草。对于烹饪过程中用葱的情形的描写，最精彩的当属杜甫《阌乡姜七少府设脍戏赠长歌》，这首诗写了做鱼的时候要放葱，诗里写道："洗鱼磨刀鱼眼红。无声细下飞碎雪，有骨已剁觜春葱。"简短的三句便将做鱼的全部过程细致描绘出来了。甚至还有人用葱做下酒菜，譬如李端《长安感事呈卢纶》："原门唯有席，井饮但加葱。"未知在井边饮酒加葱只是李端个人喜好，还是当时一种普遍风尚？但在他所呈示给卢仝的一首诗里，同样也写到了葱。卢仝《寄男抱孙》写道："乘凉劝奴婢，园里耨葱韭。"南唐刘崇远在《金华子》里记载了一个僧人，常常在市井里往来，有时候直接进人家家里，便要求主人给自己做脂葱杂面馎饦，主人家都热情欢迎，可见这应该是一种家常食物。唐僖宗曾经下过一道诏书《改元中观为青羊宫》，内中说道观附近有两顷闲田被闲散人员占去种植了葱蒜。这情形我们今日似乎还略感熟悉。有些城市居民会在小区里的空地种一些葱蒜、韭菜之类的东西，正是古人今人同此心之理。

必须要提的是葱这种蔬菜在唐代地理领域内也是重要的意象，唐代地名里有一些以葱命名的地方。最有名的当然是祖国西陲的帕米尔高原，唐人叫作葱岭，原因是这里产葱。

太宗皇帝在《执契静三边》中写道："花销葱岭雪，毂尽流沙雾。"与此同时，还有葱山、葱河、葱海等地方，譬如李白《战城南》："去年战，桑干源；今年战，葱河道。"《送程刘二侍郎兼独孤判官赴安西幕府》："天外飞霜下葱海。"岑参《献封大夫破播仙凯歌六首》："葱山夜雪扑旌竿。"毫无疑问，这些地名都与西域相关。这从侧面体现出葱在唐人饮食领域之中的地位，否则何以会用它来命名？

阌乡姜七少府设鲙戏赠长歌(《全唐诗》卷二百一十七)①

杜甫

姜侯设鲙当严冬，昨日今日皆天风。

河冻未渔不易得，凿冰恐侵河伯宫。

饔人受鱼鲛人手，洗鱼磨刀鱼眼红。

无声细下飞碎雪，有骨已剁觜春葱。

偏劝腹腴愧年少，软炊香饭缘老翁。

落砧何曾白纸湿，放箸未觉金盘空。

新欢便饱姜侯德，清觞异味情屡极。

东归贪路自觉难，欲别上马身无力。

可怜为人好心事，于我见子真颜色。

不恨我衰子贵时，怅望且为今相忆。

【注释】

①阌（wén）乡：阌乡县在今河南省灵宝市。少府：县尉的别称。

战城南(《全唐诗》卷十八)①

李白

去年战，桑干源；②

今年战，葱河道。③

洗兵条支海上波，放马天山雪中草。④

万里长征战，三军尽衰老。

匈奴以杀戮为耕作，古来惟见白骨黄沙田。

秦家筑城避胡处，汉家还有烽火然。

烽火然不息，征战无已时。

野战格斗死，败马号鸣向天悲。

乌鸢啄人肠，衔飞上挂枯树枝。

士卒涂草莽，将军空尔为。

乃知兵者是凶器，圣人不得已而用之。⑤

【注释】

①战城南：乐府古题。此诗用以抨击唐玄宗开元天宝时期穷兵黩武的风气。

②桑干源：唐代河东道朔州马邑县东有桑干河，即今山西省和河北省北部。

③葱河道：唐代称今天的帕米尔高原为葱岭，葱河当指发源于葱岭的河水，有学者认为即今新疆的喀什噶尔河。这两句指斥东北、西北边地用兵的事情。

④洗兵条支海：出兵条支海，汉代的西域有条支国。条支海在今日具体位置说法不一。

⑤兵者是凶器：此二句出自《道德经》："兵者，不祥之器，非君子之器，不得已而用之。"

送程刘二侍郎兼独孤判官赴安西幕府（《全唐诗》卷一百七十六）

李白

安西幕府多材雄，喧喧惟道三数公。

绣衣貂裘明积雪，飞书走檄如飘风。①

朝辞明主出紫宫，银鞍送别金城空。②

天外飞霜下葱海，火旗云马生光彩。③

胡塞清尘几日归，汉家草绿遥相待。

【注释】

①绣衣：古代的侍御史着绣衣，这里指程、刘两位侍郎。飞书走檄：属军队里的文书，指独孤判官。

②金城：谓长安。

③葱海：指葱岭一带，以其地域辽阔，故用海作譬喻。或者指葱岭上的某些湖泊。

加点瓜薤间

杜甫有一句诗说："下箸还小益。加点瓜薤间，依稀橘奴迹。"这里面提到了一种今日我们已经不太熟悉的植物——薤。实际上是这个字在今日的现代汉语中出现得比较少，可是若提到薤头，对我们而言却又不算过于陌生了。

实际上，薤就是藠头在古代的书面称呼。杜甫在多首诗里都对这种像葱一样的菜品倾注了目光和笔墨。在《佐还山后寄三首》中写道："甚闻霜薤白，重惠意如何。"这写出来薤在菜圃里生长的颜色，是如霜一样洁白。在《秋日阮隐居致薤三十束》则描写出薤的另外一番面目，诗里写道："盈筐承露薤，不待致书求。束比青刍色，圆齐玉箸头。"这是将薤从菜地割下来以后扎成束赠人时候的样子。满满一筐的薤菜上面还带着微微的露水，捆扎成束的却像是才割来的草的青春的颜色。而它们整整齐齐地排列起来，每一根都像是玉筷子的筷子头。这可以充分说明，此种菜品在唐代民众的生活里是何等寻常易见。

从杜甫诗题目我们可以知道，薤通常是在秋季收割的，从秋天收割以后保存过冬甚至到来年开春都可以食用。白居易《村居卧病三首》中便写道："种薤二十畦，秋来欲堪刈。望黍作冬酒，留薤为春菜。"又有别的诗人如于鹄《题邻居》："茅檐喜并居。蒸梨常共灶，浇薤亦同渠。"李吉甫《九日小园独谣赠门下武相公》："受露红兰晚，迎霜白薤肥。"白居易在《二年三月五日斋毕开素当食偶吟赠妻弘农郡君》中高度夸奖了薤的美味，他写道："佐以脯醢味，间之椒薤芳。……今食且如此，何必烹猪羊。"

　　和许多别的食物一样，薤同样是从更早的时代就一直在中国人的餐桌上。《礼记·内则》记载："春用韭，秋用蓼。脂用葱，膏用薤。"这是周代烹饪不同食物或不同季节时候用菜不同，葱用于脂肪的加工，而薤则用于凝膏。到了汉代，许慎《说文解字》中解释薤就是菜了。两汉魏晋时代，薤作为诗歌写作的一种重要意象而成为文学史上一种重要的植物。薤露容易被太阳晒干而消逝，诗人们将它与生命的短促联系起来，所以从两汉魏晋开始便有写作《薤露行》的乐府诗，这种诗也曾被用来作为挽歌，直到唐人诗歌里这种象征意义仍然未曾减弱。所以除了实际的园圃里的蔬菜以外，唐诗中的薤还承载了另外一种文化和情感的意义。这类诗歌有李峤《武三思挽歌》："短歌伤薤曲，长暮泣松扃。事往昏朝雾，人亡折夜星。忠贤良可惜，图画入丹青。"徐彦伯《题东山子李适碑阴二首》："忽惊薤露曲，掩噎东山云。"又有用来作其他形容手法者，如韩愈《调张籍》："平生千万篇，金薤垂琳琅。仙官敕六丁，雷电下取将。"

佐还山后寄三首（其三）（《全唐诗》卷二百二十五）

杜甫

几道泉浇圃，交横落慢坡。

葳蕤秋叶少，隐映野云多。

隔沼连香芰，通林带女萝。

甚闻霜薤白，重惠意如何。

秋日阮隐居致薤三十束（《全唐诗》卷二百二十五）

杜甫

隐者柴门内，畦蔬绕舍秋。

盈筐承露薤，不待致书求。

束比青刍色，圆齐玉箸头。[1]

衰年关鬲冷，味暖并无忧。[2]

【注释】

①青刍：青草。

②关鬲（guān gé）：胸腹之间。

题邻居（《全唐诗》卷三百一十）

于鹄[1]

僻巷邻家少，茅檐喜并居。

蒸梨常共灶，浇薤亦同渠。[2]

传屐朝寻药，分灯夜读书。③

虽然在城市，还得似樵渔。

【注释】

①于鹄：中唐时期（大历、贞元年间）诗人，在汉阳山中隐居。传世诗篇较少。

②蒸梨：唐人吃梨会用火加工至熟，一是蒸梨，一是烧熟。

③传屐：递送木屐。

九日小园独谣赠门下武相公（《全唐诗》卷三百一十八）①

李吉甫

小园休沐暇，暂与故山期。

树杪悬丹枣，苔阴落紫梨。

舞丛新菊遍，绕格古藤垂。

受露红兰晚，迎霜白薤肥。

上公留凤沼，冠剑侍清祠。②

应念端居者，长惭补衮诗。③

【注释】

①武相公：指武元衡，元和八年，武元衡任门下侍郎。除此诗以外，李吉甫还有《夏夜北园即事寄门下武相公》诗。武元衡，字伯苍，河南缑氏人，是武则天从曾孙，建中年间科举状元，元和年间拜官宰相，因主张打击藩镇势力而被刺杀身亡。

②上公留凤沼：上公，谓武元衡；凤沼，又称凤池，指中

央机构，魏晋时期将掌管机要的中书省设于禁苑，遂称中书省为凤凰池。

③补衮：指规谏帝王的过失。皇帝所着衣服名为衮龙服，诗中常用补衮来写谏官或宰相之职。

武三思挽歌（卷五十八）（《全唐诗》卷五十八）①

李峤

玉匣金为缕，银钩石作铭。

短歌伤薤曲，长暮泣松扃。

事往昏朝雾，人亡折夜星。②

忠贤良可惜，图画入丹青。

【注释】

①武三思：武则天的侄子，因此种缘故，武三思在则天朝曾获重用，然亦作恶多端，李显复唐以后，武三思在宫廷政变中被杀。

②"事往"二句：意思是说事情过去后便如同早晨与黄昏时候的雾一样模糊不清，人死之后仿佛夜空上的星辰折落。结合后一句"忠贤良可惜"来看，诗人并不认为武三思是奸臣恶人，反而认为他是贤良之辈，与史书给武三思的评价截然相反。

题东山子李适碑阴二首（《全唐诗》卷七十六）[1]

徐彦伯[2]

其一

陇嶂萦紫气，金光赫氛氲。

美人含遥霭，桃李芳自熏。

图高黄鹤羽，宝夺骊龙群。[3]

忽惊薤露曲，掩噎东山云。

其二

回也实夭折，贾生亦脆促。[4]

今复哀若人，危光迅风烛。

夜台沦清镜，穷尘埋结绿。

何以赠下泉，生刍唯一束。

【注释】

①李适：景龙年间任职中书舍人和工部侍郎，诗歌在当时非常有名，朝廷里几乎无人不属和，徐彦伯将他的诗文汇编成集，名曰《白云记》。

②徐彦伯：初唐时期著名文人，名洪，字彦伯，年少时即以文得名，时号为"河东三绝"之一。两《唐书》均有传。

③"图高"二句：或用典故。刘禹锡《奉和裴晋公凉风亭睡

觉》："骊龙睡后珠元在，仙鹤行时步又轻。"意思是作者自谦自己前来题诗有班门弄斧之嫌疑。

④回也：孔子的弟子颜回早逝。贾生：汉文帝时候的贤臣贾谊，三十多岁便去世。

俭洁而清淡的蔬菜

松下清斋折露葵

　　除米、面这些主食和各种肉类以外，蔬菜也是饭桌上所不能缺少的东西。譬如《旧唐书·窦建德传》记载他的日常饮食情形曰："常食唯有菜蔬、脱粟之饭。"由此表现出窦建德生活简朴，并非餐餐大鱼大肉，然也说明用蔬菜搭配谷物做的饭可以成为唐人普通的饮食结构。

　　如陆龟蒙在《蔬食》一诗里写道："香稻熟来秋菜嫩，伴僧餐了听云和。"陆龟蒙此句描写了一种娴静、恬淡的生活场景，米饭和嫩菜足够充饥便好，更无复产生别的烦恼不快。白居易在《晚起闲行》里也记录过类似的情形："午斋何俭洁，饼与蔬而已。"如此俭朴的生活似乎已经是白居易的常态，在《答崔侍郎钱舍人书问因继以诗》中写道："旦暮两蔬食，日中一闲眠。便是了一日，如此已三年。"似乎蔬菜与主食的搭配便成为恬淡、闲适生活的标志性情景。

那么我们不妨问一问，唐人究竟吃的是哪一种蔬菜呢？唐代的蔬菜种类不可谓不多，然而名列前茅的或许要数葵菜了。白居易在《烹葵》一诗中便直接点明了就饼所吃的菜是葵菜。在诗中更是不吝笔墨把葵菜细致描摹出来，他写道："贫厨何所有，炊稻烹秋葵。红粒香复软，绿英滑且肥。饥来止于饱，饱后复何思？"白居易又在《醉中得上都亲友书以予停俸多时忧问贫乏偶乘酒兴咏而报之》里写道："园葵烹佐饭，林叶扫添薪。"杜甫和王维也在自己诗里写过葵这种蔬菜。杜甫在《茅堂检校收稻二首》里写道："稻米炊能白，秋葵煮复新。谁云滑易饱，老藉软俱匀。"王维在《积雨辋川庄作》中先写了："积雨空林烟火迟，蒸藜炊黍饷东菑。"然后跟着写道："山中习静观朝槿，松下清斋折露葵。"王维又有诗《晚春严少尹与诸公见过》，诗里写道："烹葵邀上客，看竹到贫家。"

蔬食（《全唐诗》卷六百二十九）

陆龟蒙

孔融不要留残脍，庾悦无端吝子鹅。①

香稻熟来秋菜嫩，伴僧餐了听云和。②

【注释】

①孔融：三国时期，孔融曾经做过北海太守，后来遭曹操忌恨，将他杀死，当时他的一双儿女正在外面下棋，孔融被抓的时候儿女完全不为所动。身边人问两个孩子缘故，小男孩回答说："哪里有鸟巢覆灭，鸟蛋还得以保全之理？"主人家同情小孩子，便给他们拿出了肉汤，小男孩口渴便喝了。此句或用此典。庾悦：庾悦是南朝宋时期的诗人，有一次，京口人刘毅在集会上想要吃他吃剩的炙鹅，庾悦却吝啬地不愿给刘毅吃。刘毅于是记恨在心，后来刘毅便在官场上排挤庾悦，庾悦遂因此郁郁不得志，后来因为此事而发背疽身死。诗人在此用的两个典故皆与官场斗争和身家性命的存亡有关，与后二句形成对比，以表达作者更倾心于后者恬淡的生活模式。

②听云和：云和是山名，山中树木制成的琴瑟是佳品，故此代称琴瑟。

答崔侍郎钱舍人书问因继以诗（《全唐诗》卷四百三十）①

白居易

旦暮两蔬食，日中一闲眠。便是了一日，如此已三年。

心不择时适，足不拣地安。穷通与远近，一贯无两端。

常见今之人，其心或不然。在劳则念息，处静已思喧。

如是用身心，无乃自伤残。坐输忧恼便，安得形神全。

吾有二道友，蔼蔼崔与钱。同飞青云路，独堕黄泥泉。②

岁暮物万变，故情何不迁。应为平生心，与我同一源。

帝乡远于日，美人高在天。谁谓万里别，常若在目前。

泥泉乐者鱼，云路游者鸾。勿言云泥异，同在逍遥间。

因君问心地，书后偶成篇。慎勿说向人，人多笑此言。

【注释】

①崔侍郎钱舍人：崔侍郎指的是崔群，钱舍人指钱徽。本诗作于元和十二年（817），诗人被贬为江州司马。崔群则于元和十二年从户部侍郎拜官中书侍郎、同中书门下平章事。此诗之写作背景即如此，来书二友正平步青云，而作者本人却正在人生低谷。诗人在诗歌中描写出这种高下对比，也流露出轻微的伤怀，但转念又以乐观和豁达自我宽慰，并写成诗歌寄答友人。

②青云路、黄泥泉：这首诗写于诗人贬谪在江州时，故二位朋友在京城做高官如同在青云之上，而诗人自己则在外做小官，似是落入黄泥里。

烹葵（《全唐诗》卷四百三十）

白居易

昨卧不夕食，今起乃朝饥。

贫厨何所有，炊稻烹秋葵。

红粒香复软，绿英滑且肥。①

饥来止于饱，饱后复何思？

忆昔荣遇日，迨今穷退时。

今亦不冻馁，昔亦无余资。

口既不减食，身又不减衣。

抚心私自问，何者是荣衰。

勿学常人意，其间分是非。

【注释】

①红粒：陆浑稻米是红色的。

晚起闲行（《全唐诗》卷四百五十九）

白居易

皤然一老子，拥裘仍隐几。①

坐稳夜忘眠，卧安朝不起。

起来无可作，闲日时叩齿。②

静对铜炉香，暖漱银瓶水。

午斋何俭洁，饼与蔬而已。

西寺讲楞伽，闲行一随喜。③

【注释】

①皤然（pó rán）：形容须发皆白。隐几：靠在几案上，典出《庄子·齐物论》："南郭子綦隐机而坐，仰天而嘘。荅焉似丧其偶。"（"隐机"今本作"隐几"）用以描写忘我之意。

②叩齿：道家一种养生法门。

③楞伽：《楞伽经》，是大乘佛教中重要的经典之一。随喜：佛教用语，指的是对他人的善行欢喜并支持。

晚春严少尹与诸公见过（《全唐诗》卷一百二十六）①

王维

松菊荒三径，图书共五车。②

烹葵邀上客，看竹到贫家。

鹊乳先春草，莺啼过落花。

自怜黄发暮，一倍惜年华。

【注释】

①严少尹：严武，在乾元年间官京兆少尹。

②松菊荒三径：典出陶渊明《归去来兮辞》："三径就荒，松菊犹存。"三径意谓隐士家园里的小路。

风吹青井芹

芹菜是唐代蔬菜品类中一位不能忽略的名角，因为它与唐代初期的两位鼎鼎大名的人物——历史上著名的贤明皇帝唐太宗和他的直臣魏徵有一些关联。柳宗元在他的《龙城录》里记载了这对君臣和芹菜的趣闻，故事里说魏徵嗜好吃醋芹，每次吃到口的时候必定大加赞赏。太宗皇帝了解他这个习惯，有一次赐食给他，所赐之物就有醋芹三杯。魏徵一见便欢喜，饭还没吃完，醋芹便已经"告罄"。由此可见芹菜之美味。

唐人在诗中也屡屡写到这种蔬菜，譬如晚唐诗人许浑在《沧浪峡》中写道："红虾青鲫紫芹脆，归去不辞来路长。"王建在《题裴处士碧虚溪居》中写道："春圃紫芹长卓卓，暖泉青草一丛丛。"又如杜甫《暇日小园散病将种秋菜督勒耕牛兼书触目》中所写的："飞来两白鹤，暮啄泥中芹。"这些都是种在菜圃里的芹菜，是旱地里生长的，这种旱地所生的芹菜应当是域外传入的，不是中国原产的。旱芹又叫胡芹，《唐会要》卷一百记载："有胡芹状似芹，味苦。"《封氏见闻记》卷七记载西域传入的醋菜，作者即说："似苣、胡芹、浑地葱之属，并自西域而来。"

而我国原生的芹菜一般是水生的，且较早便已经进入我们的文献记载之中了。《诗经·鲁颂·泮水》记载："思乐泮水，薄采其芹。"汉代学者已经明白注解说这是水中芹。《吕氏春秋》中也提到了一种"云梦之芹"。《列子·杨朱》篇记载："昔人有美戎菽，甘枲茎、芹萍子者，对乡豪称之，乡豪取而尝之，蜇于口，惨于腹。众哂而怨之，其人大惭。"这种水芹直到唐代依然在唐代诗人笔下出现过。杜甫在《大云寺赞公房四首》里写道："雨泻暮檐竹，风吹青井芹。"又在《槐叶冷淘》中写道："献芹则小小，荐藻明区区。"杜甫《赤甲》中写道："炙背可以献天子，美芹由来知野人。"

杜甫此二诗里提到的"献芹"，实际上便是出自《列子·杨朱》的典故，用以自谦，表达自己所敬献之物是微不足道的。这个用法同样在李白和高适的诗句中存在。李白《赠范金卿二首》(其一)中写道："徒有献芹心，终流泣玉啼。"高适《自淇涉黄河途中作十三首》曰："尚有献芹心，无因见明主。"三国时期"竹林七贤"的嵇康在一篇名文《与山巨源绝交书》中也用到过此典，并略加阐释。《昭明文选》卷四十三、《与山巨源绝交书》载："野人有快炙背而美芹子者，欲献之至尊，虽有区区之意，亦已疏矣。"据此可以说明芹菜不单单是一种简单的蔬菜，更具有丰富的文化内涵。

沧浪峡(《全唐诗》卷五百三十三）

许浑

缨带流尘发半霜，独寻残月下沧浪。

一声溪鸟暗云散，万片野花流水香。

昔日未知方外乐，暮年初信梦中忙。

红虾青鲫紫芹脆，归去不辞来路长。

题裴处士碧虚溪居(《全唐诗》卷三百）①

王建

鸟声真似深山里，平地人间自不同。

春圃紫芹长卓卓，暖泉青草一<u>丛丛</u>。

松台前后花皆别，竹崦高低水尽通。②

细问来时从近远，溪名载入县图中。

【注释】

①处士：指隐居的人。

②竹崦（yān）：竹山。

大云寺赞公房四首（其二）（《全唐诗》卷二百一十六》）①

杜甫

细软青丝履，光明白氎巾。深藏供老宿，取用及吾身。②

自顾转无趣，交情何尚新。道林才不世，惠远德过人。③

雨泻暮檐竹，风吹青井芹。天阴对图画，最觉润龙鳞。

【注释】

①大云寺：在长安朱雀大街南，怀远坊东南隅。

②老宿：年高、资历深的人。

③道林：东晋著名僧人支道林（支遁）。惠远：与支道林同样是东晋的著名僧人，为中国净土宗初祖。

槐叶冷淘（《全唐诗》卷二百二十一）①

杜甫

青青高槐叶，采掇付中厨。新面来近市，汁滓宛相俱。

入鼎资过熟，加餐愁欲无。碧鲜俱照箸，香饭兼苞芦。②

经齿冷于雪，劝人投此珠。愿随金騕褭，走置锦屠苏。③

路远思恐泥，兴深终不渝。献芹则小小，荐藻明区区。

万里露寒殿，开冰清玉壶。君王纳凉晚，此味亦时须。

【注释】

①槐叶冷淘：用槐叶汁和面做成的食物。

②芭芦：盛饭的器具。

③騕褭（yǎo niǎo）：古代的一种骏马。

赤甲（《全唐诗》卷二百二十九）

杜甫

卜居赤甲迁居新，两见巫山楚水春。①

炙背可以献天子，美芹由来知野人。②

荆州郑薛寄书近，蜀客郗岑非我邻。③

笑接郎中评事饮，病从深酌道吾真。④

【注释】

①赤甲：在奉节县北三十里的村郊。诗人于大历二年（767）
迁居赤甲。

②炙背：晒背。古代有田夫野老欲将此法献给天子以求
赏赐。

③郑：郑审，任官江陵少尹。薛：薛据，盛唐时期的著名
诗人，与杜甫、王维等人友善。

④郎中、评事：都是唐代官名。大概是此时与诗人交往的

朋友们。

自淇涉黄河途中作十三首（其九）（卷二百一十二）①
高适

朝从北岸来，泊船南河浒。试共野人言，深觉农夫苦。

去秋虽薄熟，今夏犹未雨。耕耘日勤劳，租税兼舄卤。②

园蔬空寥落，产业不足数。尚有献芹心，无因见明主。

【注释】

①淇：淇水是黄河的支流，在今河南省北部。

②舄（xiè）卤：盐碱地。

篱碧见冬菁

在我们今日的汉语中有一个成语叫作"去芜存菁"，它的意思是去除糟粕、保留精华，而这个成语中的两种植物实际上是唐代人吃的一种蔬菜——芜菁。芜菁又名蔓菁，今日仍然是我们常见的蔬菜，花为黄色，根部块茎可以食用。刘禹锡在《乐天少傅五月长斋广延缁徒谢绝文友坐成晬间因以戏之》里写道："黍用青菰角，葵承玉露烹。马家供薏苡，刘氏饷芜菁。"韩偓的《闲居》中写道："厌闻趋竞喜闲居，自种芜菁亦自锄。"又如温庭筠《寄分司元庶子兼呈元处士》里写道："刘公春尽芜菁色，华腴深愁苜蓿花。"诗里提及历史上芜菁的一个典故。韩愈、元稹和诗僧贯休则在自己的诗歌里面叙写了芜菁的黄色。韩愈《感春三首》里有句子曰："黄黄芜菁花，桃李事已退。"元稹的《村花晚》里写道："三春已暮桃李伤，棠梨花白蔓菁黄。"贯休《山居诗二十四首》里面有句子曰："紫术黄菁苗蕺蕺，锦囊香麝语啾啾。"凡此，可知芜菁不单单是开黄颜色的花，而且开花时节已经是暮春桃李花之后。

除了蔓菁和芜菁这两种叫法之外，唐人诗中或者径称曰"菁"，譬如刘禹锡《历阳书事七十韵》中写道："场黄堆晚稻，篱碧见冬菁。"卢仝《月蚀诗》里有句子曰："恒州阵斩郦定进，项骨脆甚春蔓菁。"张九龄《园中时蔬尽皆锄理唯秋兰数本委而不顾彼虽一物有足悲者遂赋二章》中写道："旨异菁为蓄，甘非蔗有浆。人多利一饱，谁复惜馨香。"杜甫《暇日小园散病将种秋菜督勒耕牛兼书触目》里写道："秋耕属地湿，山雨近甚匀。冬菁饭之半，牛力晚来新。"老杜诗里的这几句似乎是说冬菁也可以用来喂牛。

我们注意到唐人诗里有写春菁的，亦有写冬菁的，那么它们是否有所不同呢？事实上，冬菁一般而言是指芜菁可以作为食物的根部，春菁更多是指它的花。芜菁之根部取来食用早已经见于前人的记载中，如《古今图书集成》引用唐代人陈藏器的说法："并汾、河朔间烧食其根，呼为芜根。"又有唐代韦绚的笔记小说《刘宾客嘉话录》里也写到了蔓菁几乎通身是宝的特色，韦绚说蔓菁才出芽的时候可以生吃，叶子舒展开时可以煮熟吃，吃了以后叶子还可以滋长，冬季则可以吃根部。可见唐人对芜菁的利用几乎是到物尽其用的地步了。尽管嫩芽和叶子也都可以食用，但从生长时节判断，杜甫诗中的"冬菁饭之半"应当指的是根部。

闲居（《全唐诗》卷六百八十一）

韩偓

厌闻趋竞喜闲居，自种芜菁亦自锄。
麋鹿跳梁忧触拨，鹰鹯搏击恐粗疏。[①]
拙谋却为多循理，所短深惭尽信书。[②]
刀尺不亏绳墨在，莫疑张翰恋鲈鱼。[③]

【注释】

①麋鹿跳梁：古人认为麋鹿应当藏身，如果蹦跳容易落入猎人的陷阱之中。鹰鹯搏击：鹰鹯这等猛禽搏击时应当精准，如果粗疏则容易错失猎物或在打斗当中落败。此二句是诗人比喻出仕在官场的残酷的生存处境。

②拙谋句：诗人谓自己谋略短拙是因为自己服膺义理之故，言外之意是旁人尽管谋略不凡，或许是因为不遵义理。深惭尽

信书:《孟子》里记载"尽信书不如无书",意谓全部信任《尚书》上所写的事理,不如不读《尚书》。孟子之意是,书上之事理有的不如现实情况真实。

③张翰恋鲈鱼:张翰是西晋时文人、官员。当时朝廷征辟他去洛阳做官,因不满朝政之恶,他见到秋风起来之后,想起家乡的鲈鱼和莼菜,并以此为理由辞官归乡。他说过一句名言:"人生贵得适志,何能羁宦数千里以要名爵?"整首诗主要表达诗人对官场生活的不满。

寄分司元庶子兼呈元处士(《全唐诗》卷五百七十八)①

温庭筠

闭门高卧莫长嗟,水木凝晖属谢家。②

猴岭参差残晓雪,洛波清浅露晴沙。③

刘公春尽芜菁色,华廙愁深苜蓿花。④

月榭知君还怅望,碧霄烟阔雁行斜。

【注释】

①分司:分司意思是分掌、分管,唐宋之制,中央官员在陪都(洛阳)任职者,称为分司。庶子:太子东宫的属官。元处士:有学者推测当时的处士是元孚,元孚曾经在洛阳居住过,后来回到宛陵。

②谢家:南北朝的谢灵运、谢惠连的家族中出了许多有名的文士、诗人,此句意谓元庶子和元处士也是同族。

③缦岭参差、洛波清浅：缦岭指的是洛阳附近的缦氏山，《列仙传》里记载了周灵王的太子王子乔曾经在伊洛之间游玩，后来得一道士接引而在嵩山上飞升，三十年后乘着白鹤在缦氏山巅驻足，后又离去。崔湜《寄天台司马先生》诗："何年缦岭上，一谢洛阳城。"此句诗歌即用王子乔之典故。

④刘公春尽：指三国时期的刘备，史载刘备在许昌时曾经闭门种芜菁。华廙愁深：华廙是西晋时期大臣，种植有苜蓿园，一日，晋武帝登上高台远远望见他的苜蓿园十分繁盛，不由得兴起感旧之情。

山居诗二十四首（其六）（《全唐诗》卷八百三十七）①

贯休

鸟外尘中四十秋，亦曾高揖汉诸侯。

如斯标致虽清拙，大丈夫儿合自由。

紫术黄菁苗戢戢，锦囊香麝语啾啾。②

终须心到曹溪叟，千岁楮根雪满头。③

【注释】

①此组诗原本有序言："愚咸通四五年中，于钟陵作山居诗二十四章，放笔，稿被人将去，厥后或有散书于屋壁，或吟咏于人口，一首两首，时时闻之，皆多字句舛错，洎乾符辛丑岁，避寇于山寺。偶全获其本，风调野俗，格力低浊，岂可闻于大雅君子？一日抽毫改之，或留之、除之、修之、补之。却

成二十四首。亦斐然也，蚀木也，概山讴之例也。或作者气合，始为一朗吟之，可也。"

②紫术：一种中药材。锦囊：唐代诗人李贺平常骑驴外出便背一个锦囊，有所得，便写下诗句投入锦囊中。此处用典亦形容诗人自己作诗艰苦之状。

③曹溪叟：谓禅宗祖师六祖慧能，在曹溪宝林寺驻锡弘法。楮根：中药材。

感春三首（其二）（《韩昌黎诗集编年笺注》卷九）

韩愈

黄黄芜菁花，桃李事已退。

狂风簸枯榆，狼藉九衢内。

春序一如此，汝颜安足赖。

谁能驾飞车，相从观海外？

村花晚《元氏长庆集》卷二十六）

元稹

三春已暮桃李伤，棠梨花白蔓菁黄。

村中女儿争摘将，插刺头鬓相夸张。

田翁蚕老迷臭香，晒暴奄聂熏衣裳。①

非无后秀与孤芳，奈尔千株万顷之茫茫。

天公此意何可量，长教尔辈时节长。

历阳书事七十韵（节选）（《全唐诗》卷三百六十三）①

刘禹锡

......

雁飞彭蠡暮，鸦噪大雷晴。平野分风使，恬和趁夜程。②

贵池登陆峻，春谷渡桥鸣。骆驿主人问，悲欢故旧情。③

几年方一面，卜昼便三更。助喜杯盘盛，忘机笑语匀。

管清疑警鹤，弦巧似娇莺。炽炭烘蹲兽，华茵织斗鲸。

回裾飘雾雨，急节堕琼英。敛黛凝愁色，施钿耀翠晶。

容华本南国，妆束学西京。日落方收鼓，天寒更炙笙。

促筵交履舄，痛饮倒簪缨。谑浪容优孟，娇怜许智琼。④

......

场黄堆晚稻，篱碧见冬菁。里社争来献，壶浆各自擎。

......

【注释】

①此诗原有一小引详细交代写作缘由，引子曰："长庆四年八月，余自夔州转历阳。浮岷江，观洞庭，历夏口，涉浔阳而东。友人崔敦诗罢丞相，镇宛陵，缄书来抵曰：'必我觐而之藩，不十日饮，不置子。'故余自池州道宛陵，如其素。敦诗出祖于敬亭祠下，由姑孰西渡江，乃吾圉也。至则考图经，参见事，

为之诗,俟采之夜讽者。"长庆四年当公元824年。全诗七十韵,凡七百余字。历阳:唐代郡县名,和州治所,在今安徽省和县。

②彭蠡:彭蠡湖,有人认为是今鄱阳湖的古称。大雷:晋代设置大雷戍,在今安徽省望江县。

③贵池登陆:贵池,即今安徽池州,此二句写诗人从彭蠡湖舟行至安徽境内,于贵池登陆。

④优孟:战国时期楚国一位擅长表演滑稽戏之人,后世亦用来代指言行举止滑稽可笑。智琼:《搜神记》内记载的一位神女,此处用典以形容女子娇美可爱。

园中时蔬尽皆锄理唯秋兰数本委而不顾彼虽一物有足悲者遂赋二章(《全唐诗》卷四十八)

张九龄

(其一)

场藿已成岁,园葵亦向阳。

兰时独不偶,露节渐无芳。

旨异菁为蓄,甘非蔗有浆。

人多利一饱,谁复惜馨香。

(其二)

幸得不锄去,孤苗守旧根。

无心羡旨蓄，岂欲近名园。

遇赏宁充佩，为生莫碍门。

幽林芳意在，非是为人论。

外来食物

来自西域的葡萄

百余年前，美国著名的汉学家薛爱华先生曾写下一部影响深远的研究唐代外来文明的著作——《撒马尔罕的金桃》（又译作《唐代的外来文明》）。在众多外来物种里，这位金发白肤的老先生选择了金桃作为代表来描述他心目中的唐代和那时候的异域风情。老先生在书中这样写道："金桃那黄灿灿的颜色，使唐朝宫廷乐于将它栽种在皇家的果园里。唐朝的花园和果园从外国引进了大大小小许多植物品种，其中有些植物长久地流传了下来，而有些则只存在了很短的时期，作为这些外来植物的代表和象征，金桃却是很合适的。"正如老先生这段话所说的一般，金桃只是在长安的皇家园林里昙花一现的外国物产，甚至从此以后许多年中国人对这种所谓的金灿灿的水果究竟是何种东西已经不甚明了了。相形之下，我们似乎不应该忘记另外一种迄今为止还依旧融于中国人生活里的异邦植物——葡萄。

若从名气的大小和流传时间的长短来说，似乎葡萄更能作为外来植物或水果的代表。葡萄是在西汉时期与苜蓿以及汗血宝马一道跟随张骞从西域进入中国的，从那以后渐渐本土化，至唐代便有许多诗人在诗篇中不吝笔墨地对它进行描写刻画。也出现过许多我们耳熟能详的名家名句，如"葡萄美酒夜光杯""空见蒲桃入汉家"等。这些句子有的是直接写作为水果的葡萄，有的是写用葡萄酿成的葡萄酒。

葡萄因为是外来语，所以翻译成汉字的时候又有写作"蒲桃""蒲陶""蒲萄"的。崔颢《渭城少年行》里有句曰："棠梨宫中燕初至，葡萄馆里花正开。念此使人归更早，三月便达长安道。"李颀《古从军行》里写作"蒲桃"，譬如："年年战骨埋荒外，空见蒲桃入汉家。"崔颢看见了葡萄馆里的葡萄花开了，杜甫则留意到了葡萄枝条娟娟蔓延的姿态，他在《解闷十二首》里写道："翠瓜碧李沈玉甃，赤梨葡萄寒露成。可怜先不异枝蔓，此物娟娟长远生。"韩愈和刘禹锡也都观察到了葡萄在田野里生长的场景，韩愈的《蒲萄》写道："新茎未遍半犹枯，高架支离倒复扶。若欲满盘堆马乳，莫辞添竹引龙须。"刘禹锡的《葡萄歌》里有句子曰："野田生葡萄，缠绕一枝高。移来碧墀下，张王日日高。分歧浩繁缛，修蔓蟠诘曲。扬翘向庭柯，意思如有属。"张祜《题徐州流沟寺》里写道："夜阴生院结蒲桃。"这些诗句反映出葡萄在中国的栽种已经相当成熟了，它那弯曲的枝蔓不仅分布在远离城郭的郊野，更触及寺庙的庭院之内。否则也不会吸引诗人们不厌其烦地描写它枝条的形态了。

　　韩愈诗中的"若欲满盘堆马乳"里的马乳实际上是指唐代的葡萄中的一种非常出名的品种——马乳葡萄。刘禹锡的《葡萄歌》里也写到了它："悬实珠玑纍。马乳带轻霜，龙鳞曜初旭。有客汾阴至，临堂瞪双目。自言我晋人，种此如种玉。酿之成美酒，令人饮不足。为君持一斗，往取凉州牧。"马乳葡萄上面带着微霜的形象似乎深得刘禹锡的喜爱，他在另外一首《和令狐相公谢太原李侍中寄蒲桃》里也重复这个意象曰："马乳带残霜。染指铅粉腻，满喉甘露香。酝成十日酒。"马乳葡萄被秋霜微染的形象已经非常具有中原本土水果和植物的特色。而诗人们还要特地交代用葡萄酿出的美酒之香美醉人则是葡萄异域风情大放光彩的时刻。事实上，葡萄酒在唐诗中的比重或许要比葡萄本身的比重更高。名句譬如王瀚的《凉州词》："葡萄美酒夜光杯，欲饮琵琶马上催。"又如乔知之《倡女行》里写的："石榴酒，葡萄浆。兰桂芳，茱萸香。愿君驻金鞍，暂此共年芳。"以及刘复《春游曲》里所写的："细酌蒲桃酒，娇歌玉树花。"鲍防《杂感》里写道："天马常衔苜蓿花，胡人岁献葡萄酒。"还有李白《襄阳歌》里的句子："鸬鹚杓，鹦鹉杯。百年三万六千日，一日须倾三百杯。遥看汉水鸭头绿，恰似葡萄初酦醅。此江若变作春酒，垒曲便筑糟丘台。千金骏马换小妾，笑坐雕鞍歌落梅。"李太白这首诗里写出了葡萄酒的颜色，他认为是和汉水一般的鸭头绿色。这个说法在钱易的《南部新书》里也得到了证实，大约这是与今日红色葡萄酒的最大不同，即唐代马乳葡萄酿出的酒是绿色的。

其实在唐代，葡萄的本土色彩和异域风情两者兼具。薛爱华先生的《撒马尔罕的金桃》一书中则从另外的政治的角度解释了葡萄这种双重特征，他写道："而葡萄以及葡萄酒也就在唐朝境内变得家喻户晓。甚至到了唐代，葡萄在人们的心目中还仍然保持着与西方的密切关系：在几百年中，一串串的葡萄一直被当作外来装饰的基本图样在彩色锦缎上使用；而在唐镜背面的古希腊艺术风格的葡萄纹样式则更是为世人所熟知。更能说明问题的是：罗马人、大食人，以及西域的回鹘人等，全都以精于栽种葡萄和善于饮酒而知名。但是当唐朝征服了西域之后，葡萄以及葡萄汁就失去了其原有的某些外国的风味。"事实上，中国史籍里的葡萄酒似乎多多少少都带有一些神奇的色彩，而且是从最初进入中国时便已经开始了。《史记·大宛列传》

记载:"大宛左右以蒲陶为酒,富人藏酒至万余石,久者数十岁不败。"一个是仓屯数量巨大,另一个是保鲜年月长久,这两点即便放在今日也可以说是有传奇的地方,而这也正是后来的史书中所透露出来的信息。《晋书·吕光载记》中说吕光攻破龟兹时候,看见当地"胡人奢侈,厚于养生,家有蒲桃酒,或至千斛,经十年不败,士卒沦没酒藏者相继矣"。

薛先生所说的葡萄花纹和色彩在锦缎上使用的情形在诗歌里也可以得到证明。施肩吾《古曲五首》里写道:"夜裁鸳鸯绮,朝织蒲桃绫。欲试一寸心,待缝三尺冰。"又曹松《白角簟》里有句子曰:"蒲桃锦是潇湘底,曾得王孙价倍酬。"唐人对于葡萄和葡萄酒的记载非常丰富,似乎它们对于唐人而言,不仅仅是满足口舌之嗜的食物和饮品,更是一种文化现象和文化符号了。它象征着唐代文明无比开放的胸怀以及悠深的韵味。所以相较于昙花一现的金桃,葡萄更加长久地留在了中国文化和饮食世界当中。

渭城少年行(《全唐诗》卷二十四)①

崔颢

洛阳二月梨花飞,秦地行人春忆归。

扬鞭走马城南陌,朝逢驿使秦川客。

驿使前日发章台，传道长安春早来。②

棠梨宫中燕初至，葡萄馆里花正开。③

念此使人归更早，三月便达长安道。

【注释】

①渭城：别称渭阳，在长安城西北的渭水北岸，在今陕西省咸阳市，唐代出关前往西北多在此处送别，王维名篇《送元二使安西》中开篇即写"渭城朝雨浥轻尘"。故本诗歌中第二句即写"秦地行人春忆归"。本诗中渭城一方面是长安、咸阳所处的秦地的象征；另一方面渭城本身与长安城在地理位置上有所分别，两地对比又形成一种交错穿插的诗歌意境之美。

②章台：西汉长安城内一条街道的名字，当时青楼妓院所在之处。

③棠梨宫：西汉长安城甘泉宫外的一座宫殿。

古从军行（《全唐诗》卷一百二十三）①

李颀

白日登山望烽火，黄昏饮马傍交河。②

行人刁斗风沙暗，公主琵琶幽怨多。

野云万里无城郭，雨雪纷纷连大漠。

胡雁哀鸣夜夜飞，胡儿眼泪双双落。

闻道玉门犹被遮，应将性命逐轻车。

年年战骨埋荒外，空见蒲桃入汉家。

【注释】

①古从军行:《从军行》本来是乐府旧题,诗人这里大概是沿用乐府古题的意思。

②烽火:谓烽火台,古代于边塞建造烽火台,遇有战争或紧急事件便举火以示警。交河:汉代西域有著名的交河城(车师前国都城),城因河水而得名,因河水流经此处被分开而后又交汇,地在今新疆吐鲁番西。又,唐代在西域设置有交河郡。

解闷十二首(其十一)(《全唐诗》卷二百三十)

杜甫

翠瓜碧李沉玉甃,赤梨葡萄寒露成。①

可怜先不异枝蔓,此物娟娟长远生。②

【注释】

①玉甃(zhòu):井壁的美称,此句意谓将瓜和李沉入水井中冰镇。赤梨:《南史》记载扶桑国有赤梨,经年不坏。

②娟娟:形容葡萄藤蔓柔软而颜色鲜艳之貌。

蒲萄(《全唐诗》卷三百四十三)

韩愈

新茎未遍半犹枯,高架支离倒复扶。

若欲满盘堆马乳,莫辞添竹引龙须。

葡萄歌（《全唐诗》卷三百五十四）

刘禹锡

野田生葡萄，缠绕一枝高。移来碧墀下，张王日日高。

分岐浩繁缛，修蔓蟠诘曲。扬翘向庭柯，意思如有属。

为之立长檠，布濩当轩绿。米液溉其根，理疏看渗漉。

繁葩组绶结，悬实珠玑蹙。马乳带轻霜，龙鳞曜初旭。

有客汾阴至，临堂瞪双目。自言我晋人，种此如种玉。

酿之成美酒，令人饮不足。为君持一斗，往取凉州牧。

和令狐相公谢太原李侍中寄蒲桃（《全唐诗》卷三百六十二）[①]

刘禹锡

珍果出西域，移根到北方。昔年随汉使，今日寄梁王。[②]

上相芳缄至，行台绮席张。鱼鳞含宿润，马乳带残霜。[③]

染指铅粉腻，满喉甘露香。酝成十日酒，味敌五云浆。[④]

咀嚼停金盏，称嗟响画堂。惭非末至客，不得一枝尝。

【注释】

①令狐相公：令狐楚，字悫士，自号白云孺子，京兆华原（今陕西省耀县东南）人，唐宪宗时官职方员外郎、知制诰。太原李侍中：太原尹李光颜，官司徒兼侍中。

②梁王：原本是西汉时候的梁孝王，此处代指令狐楚。此

时任检校礼部尚书、汴州刺史等职，故诗中多尊称。

③行台：中央机构（台、省）在外的临时机构。这里指令狐楚及其公廨。

④五云浆：《汉武帝内传》记载，西王母告诉汉武帝自己有九丹金液五云之浆，服用后即可白日飞升。

春游曲（《全唐诗》卷三百〇五）

刘复[①]

春风戏狭斜，相见莫愁家。[②]

细酌蒲桃酒，娇歌玉树花。

裁衫催白纻，迎客走朱车。

不觉重城暮，争栖柳上鸦。[③]

【注释】

①刘复：大历年间进士及第，官水部员外郎。

②狭斜：狭窄的小巷，多指妓院等烟花柳巷。莫愁：乐府诗中常用的女子名，

③重城：重要的城郭。

杂感（《全唐诗》卷三百〇七）

鲍防[①]

汉家海内承平久，万国戎王皆稽首。[②]

天马常衔苜蓿花，胡人岁献葡萄酒。

五月荔枝初破颜，朝离象郡夕函关。③

雁飞不到桂阳岭，马走先过林邑山。④

甘泉御果垂仙阁，日暮无人香自落。

远物皆重近皆轻，鸡虽有德不如鹤。

【注释】

①鲍防：字子慎，襄州襄阳（今湖北襄阳市）人。天宝十二载（753）考中进士科，历任节度使府僚属、职方员外郎、御史大夫。

②汉家海内：本诗通篇选取汉唐历史典故。汉武帝时期中国强盛，周边夷狄都向汉朝臣服。

③破颜：荔枝成熟时候似人破颜微笑。象郡：汉代的郡名。杨贵妃喜欢吃荔枝，蜀地出产荔枝比较有名，南海所出的更胜过蜀地的。

④桂阳岭：桂阳，即今湖南省郴县，桂阳岭即骑田岭，是古代南方五岭之一。林邑：古代南海一个国家。

古曲五首（其三）（《全唐诗》卷四百九十四）

施肩吾①

夜裁鸳鸯绮，朝织蒲桃绫。②

欲试一寸心，待缝三尺冰。

【注释】

①施肩吾：中唐诗人，睦州分水（今浙江桐庐县）人，唐宪

宗元和十五年（820）及第。

②鸳鸯绮、葡桃绫：鸳鸯和葡萄花纹的丝绸。

《白角簟》（《全唐诗》卷七百一十七）①

曹松②

角簟工夫已到头，夏来全占满床秋。

若言保惜归华屋，只合封题寄列侯。③

学卷晓冰长怕绽，解铺寒水不教流。④

蒲桃锦是潇湘底，曾得王孙价倍酬。

【注释】

①角簟：细竹篾或白藤条编织的席子。

②曹松：晚唐诗人，字梦征，舒州（今安徽省安庆市潜山市梅城镇）人。早年曾避乱栖居洪都西山，依建州刺史李频，后流落江湖，无所遇合。唐昭宗天复元年（901）中进士，特授校书郎（秘书省正字）。

③保惜：爱惜之意。

④长怕绽：意谓怕席子开裂。这两句描写白角簟凉爽、洁白。

古塞上曲七首（其五）（《全唐诗》卷八百三十）

贯休

帐幕侵奚界，凭陵未可涯。①

擒生行别路，寻箭向平沙。②

赤落蒲桃叶，香微甘草花。

不堪登陇望。白日又西斜。③

【注释】

①奚：奚族，中国古代东北的一支古老的游猎民族。凭陵：侵犯、欺侮。

②擒生：生擒敌人、捉活口。

③登陇：登上高岗。

题徐州流沟寺（《全唐诗补编》外编第二编）①

张祜②

古寺层层结构劳，土冈前面峻如濠。

露云竹翠石桥冷，风起松声山殿高。

日色动廊开木槿，夜阴生院结蒲桃。

西龛禅客不相得，一片旧阶行几遭。

【注释】

①流沟寺：在今安徽省宿州市夹沟镇。白居易也写过一首诗《题流沟寺古松》。

②张祜：字承吉，清河（今邢台市清河县）人，唐穆宗长庆年间著名诗人，杜牧有诗赠给张祜说："何人得似张公子，千首诗轻万户侯。"

属于人和马的苜蓿

　　王维在《送刘司直赴安西》里写道："苜蓿随天马，葡萄逐汉臣。"这两句诗仅仅用了寥寥十个字便描写出汉代以来从西域输入中国的三种物产，虽然是三种物产，但实际上是围绕一件事情而发生的，即张骞出使西域从数千里之外的绝域归国一事。西汉从高祖立国以后便一直备受北方草原上的匈奴之侵扰，到汉武帝时代，终于下定决心要主动打击匈奴。这位雄才大略的君主的策略是派人去联络匈奴西边的大月氏，希望两国联手夹击匈奴，于是他便派出了名叫张骞的使者。张骞出使西域，考察了许多国家，其中有国名大宛，国中出良马——鼎鼎大名的汗血宝马，于是国王便贡献了这种宝马给汉朝。《汉书·西域传》里记载苜蓿和葡萄也是此时跟随张骞和汗血宝马一同进入中国的。汉武帝即在长安种植苜蓿，用来做马的饲料。这件事是西域物种迁徙来中国的标志性事件，所以在唐代诗歌中，还有不少的诗篇叙述描写这件事，例如鲍防《杂感》："汉家海内承平久，万国戎王皆稽首。天马常衔苜蓿花，胡人岁献葡萄酒。"张仲素《天马辞》："天马初从渥水来，郊歌曾唱得龙媒。不知玉塞沙中路，苜蓿残花几处开。"李商隐的《茂陵》里写道："汉家天马出蒲梢，苜蓿榴花遍近郊。"曹唐的《病马五首呈郑校书章三吴十五先辈》写道："骒骊何年别渥洼，病来颜色半泥沙。四蹄不凿金砧裂，双眼慵开玉箸斜。堕月兔毛干觳觫，失云龙骨瘦牙槎。平原好放无人放，嘶向秋风苜蓿花。"这是因为苜蓿首先是用作牛马的饲料的，所以还有一些诗句写马与苜蓿相关联的事情，譬如岑参在《北庭西郊候封大夫受降回军献上》里写道："胡地苜蓿美，轮台征马肥。"杜甫的《赠田九判官梁丘》里有句子曰："宛马总肥春苜蓿，将军只数汉嫖姚。"刘禹锡在《裴相公大学士见示答张秘书谢马诗并群公属和因命追作》里写道："草玄门户少尘埃，丞相并州寄马来。初自塞垣衔苜蓿，忽行幽径破莓苔。"这些都是写最初西域的马匹以苜蓿做饲料的情况。

当苜蓿跟随张骞进入中国后，中国人便开始自己种植苜蓿了。李商隐在《九日》中写道："曾共山翁把酒时，霜天白菊绕阶墀。十年泉下无人问，九日樽前有所思。不学汉臣栽苜蓿，空教楚客咏江蓠。"温庭筠《寄分司元庶子兼呈元处士》里有句子曰："刘公春尽芜菁色，华廙愁深苜蓿花。"这些诗句都说明从那以后中

唐·韩滉 《五牛图》

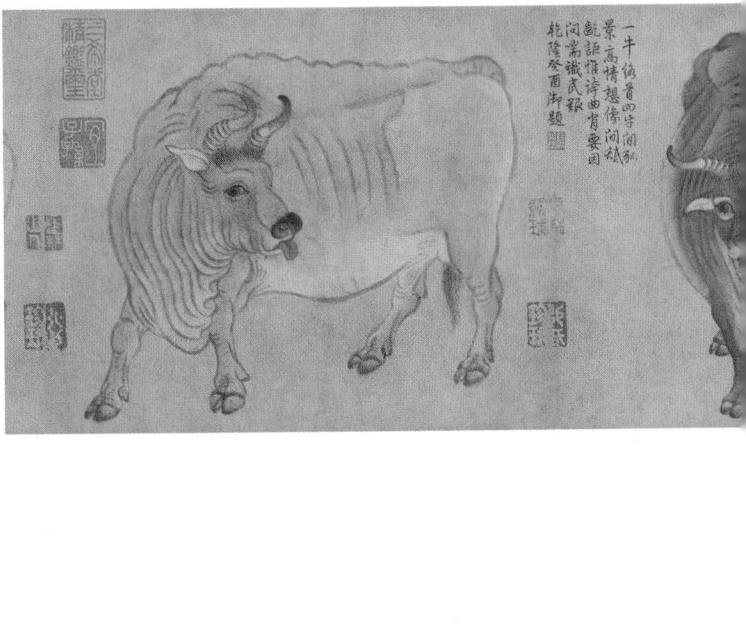

一牛絡首四牛閒弘
景高情想像閒舐
齕詎惟誇曲肖要因
問喘識民艱
乾隆癸酉御題

唐·韩滉 《五牛图》

唐·韩滉 《五牛图》

国人自己栽种苜蓿，已经不是小打小闹，李商隐诗反映了汉代苜蓿种植几乎遍布了长安的近郊。所以从汉代经过数百年到唐代，苜蓿也逐渐与中国人越发亲密，终于也被中国人端上了餐桌，成为唐人饮食世界的一部分。薛令之《自悼》里写道："盘中何所有，苜蓿长阑干。饭涩匙难绾，羹稀箸易宽。只可谋朝夕，何由保岁寒。"但是很显然，薛令之的这首诗里的苜蓿并不是很好吃，甚至是色香味俱恶。只不过诗僧贯休却给出了另外的说法，他的《塞上曲二首》里写道："蒲萄酒白雕腊红，苜蓿根甜沙鼠出。"又《古塞下曲七首》里有句子曰："风落昆仑石，河崩苜蓿根。将军更移帐，日日近西蕃。"可见苜蓿根还是颇有滋味的，所以似乎很容易吸引沙地里的老鼠出来啮食。那么根部是否也是人食用的部分呢？苜蓿根主要还是入药，汉末的《名医别录》、唐代的《新修本草》与明代李时珍的《本草纲目》都介绍过苜蓿的药性和药用价值。《新修本草》曰："苜蓿茎叶平，根寒。主热病，烦满，目黄赤，小便黄，酒疸。"《本草纲目》也说苜蓿根"捣汁煎饮，治沙石淋痛"。可见苜蓿根主要被用作药材，应当不会是拿来吃的主要部分，而且今日我们食用苜蓿也大多都是茎叶。可揣测唐人应该也不会首选根部做食物，但是根部应该是颇有滋味的。

唐代的韩谔在《四时纂要》里面曾经写道苜蓿栽种的一个片段，他说在冬天的时候要把苜蓿地用火烧一遍，这样做的目的是毁坏苜蓿的陈根，之后再用土覆盖，这样苜蓿还会生长，而且长势不衰。这样的烧法两年一次。又写了苜蓿的吃法，在春天的时候做成干菜吃对人大有好处，开紫花的时候给马吃有益处，六月以后就不能再喂马吃。

凡此可见，经过七八百年的岁月，苜蓿的习性已经为中国人所熟悉与掌握了。

送刘司直赴安西（《全唐诗》卷一百二十六）①

王维

绝域阳关道，胡沙与塞尘。

三春时有雁，万里少行人。②

苜蓿随天马，葡萄逐汉臣。

当令外国惧，不敢觅和亲。

【注释】

①司直：唐代大理寺的属官，掌管出使推按。安西：安西节度使。

②三春：春季分为孟春、仲春、季春三个月。

病马五首呈郑校书章三吴十五先辈(其一)(《全唐诗》卷六百四十)

曹唐①

骕骦何年别渥洼,病来颜色半泥沙。②

四蹄不凿金砧裂,双眼慵开玉箸斜。

堕月兔毛干觳觫,失云龙骨瘦牙槎。③

平原好放无人放,嘶向秋风苜蓿花。

【注释】

①曹唐:字尧宾,桂州(今广西桂林)人。初为道士,后还俗,屡举进士不中,或云大和中进士。后为邵州、容管等使府从事。工诗,与杜牧、李远等友善。

②骕骦(lù ěr):古代骏马名。渥洼:传说出产神马的地方,在今甘肃省安西县界内。

③觳觫(hú sù):恐惧的样子。

茂陵(《全唐诗》卷五百四十)①

李商隐

汉家天马出蒲梢,苜蓿榴花遍近郊。②

内苑只知含凤嘴,属车无复插鸡翘。③

玉桃偷得怜方朔,金屋修成贮阿娇。④

谁料苏卿老归国，茂陵松柏雨萧萧。⑤

【注释】

①茂陵：汉武帝的陵寝，在长安西北。

②蒲梢：史载，汉武帝伐大宛国，得到了千里马，名曰蒲梢，这一句意谓汉朝的千里马是蒲梢的后代。遍近郊：张骞从西域带回苜蓿，汉朝在长安城的近郊都种上了苜蓿。

③含凤嘴：据说仙家煮凤喙和麟角做成续弦胶，可以补接弓弩或刀剑折断的地方。汉武帝时候，西域有国王派遣使者贡献了这种胶，但汉武帝并不知道其功用，遂赐给宫外府库。有一次，武帝幸华林园射虎，弓弩断了，使者在左右侍奉，遂向武帝献上了一点点胶，使者用口含着胶，再续补弓箭。属车、插鸡翘：皇帝的车架有属车三十六乘，上面插鸾旗作标志，民间称这种鸾旗曰"鸡翘"。

④怜方朔：东方朔是汉武帝时候的臣子，传说他曾经在西王母那里偷来蟠桃。贮阿娇：指金屋藏娇的故事，汉武帝小时候做胶东王，长公主有一女陈阿娇，他曾对长公主说，将来如果娶了阿娇做妻子，一定要建一座黄金宫殿让阿娇住。他当皇帝以后，封阿娇做皇后，并且恩宠其十余年。

⑤苏卿老归国：苏武，字子卿，汉武帝时候出使匈奴，却被匈奴扣留羁押十九年，直到汉昭帝时白发苍苍才重回中国，昭帝命苏武捧着一份太牢礼，去拜谒茂陵。

赠田九判官梁丘（《全唐诗》卷二百二十四）①

杜甫

崆峒使节上青霄，河陇降王款圣朝。②

宛马总肥春苜蓿，将军只数汉嫖姚。③

陈留阮瑀谁争长，京兆田郎早见招。④

麾下赖君才并入，独能无意向渔樵。

【注释】

①田九判官梁丘：这首诗写于天宝十三载（754）安史之乱当中，名将哥舒翰征讨安禄山，以田梁丘为行军司马。判官是唐代节度使等要职的属官，地位低于行军司马，而可以升迁至行军司马。

②崆峒使节：天宝十三载（754），吐谷浑苏毗王来到唐朝边境通好，唐玄宗命令哥舒翰前往磨环川（洮州西，在今甘肃省南部）接应。

③汉嫖姚：西汉名将霍去病被封为嫖姚将军，这里代指哥舒翰。

④陈留阮瑀、京兆田郎：阮瑀是三国时期曹魏的谋士，曹操征辟为军谋祭酒，管记室。这里代指田梁丘。梁丘是京兆人士。

裴相公大学士见示答张秘书谢马诗并群公属和因命追作(《全唐诗》卷三百六十一)①

刘禹锡

草玄门户少尘埃，丞相并州寄马来。②

初自塞垣衔苜蓿，忽行幽径破莓苔。

寻花缓辔威迟去，带酒垂鞭蹩蹀回。③

不与王侯与词客，知轻富贵重清才。

【注释】

①裴相公大学士：宰相裴度，又做过集贤殿大学士。张秘书：张籍，做过秘书郎。此诗作于大和二年（828）诗人初归长安时。

②草玄：西汉末年的学者杨雄曾闭门著述《太玄》。少尘埃：意谓少有权贵车马往来，是说秘书郎官职清廉。

③威迟：形容缓行之貌。蹩蹀：小步走的样子。

九日(《全唐诗》卷五百四十一)①

李商隐

曾共山翁把酒时，霜天白菊绕阶墀。②

十年泉下无人问，九日樽前有所思。③

不学汉臣栽苜蓿，空教楚客咏江蓠。④

郎君官贵施行马，东阁无因再得窥。

【注释】

①九日：指九月九日重阳节。李商隐因为才华而得到令狐楚的赏识，做了令狐楚的幕僚，但因为牛李党争，在令狐楚去世后便遭到令狐楚的儿子令狐绹的疏远冷落，李商隐便在重阳节这一天将这首诗写在了厅堂上。令狐绹后来见到了这首诗，非常惭愧，遂锁闭了这间厅堂，终身不复到此。

②山翁：指令狐绹的父亲令狐楚。

③十年泉下：写这首诗时令狐楚已经去世十年。

④汉臣栽苜蓿：苜蓿是外国之草，却被种在首都长安附近，此句譬喻令狐绹以李商隐为外人而不亲近重用。意为自己打算与令狐家重修旧好。江蓠：屈原《离骚》中所歌咏的香草。

自悼（《全唐诗》卷二百一十五）

薛令之①

朝日上团团，照见先生盘。

盘中何所有，苜蓿长阑干。②

饭涩匙难绾，羹稀箸易宽。

只可谋朝夕，何由保岁寒。

【注释】

①薛令之：字君珍，号明月，福建长溪县（今福安）人，神龙二年（706）进士。唐玄宗开元年间，薛令之任官太子右庶子，当时太子宫中的官僚并不被器重，诗人便作了这首诗以表现为

官清淡之状，但因此开罪于玄宗，后来托病辞归。

②阑干：纵横交织的样子。

塞上曲二首（其一）（《全唐诗》卷八百二十七）

贯休

锦袷胡儿黑如漆，骑羊上冰如箭疾。①

蒲萄酒白雕腊红，苜蓿根甜沙鼠出。②

单于右臂何须断，天子昭昭本如日。③

一握黳髯一握丝，须知只为平戎术。④

【注释】

①袷（jiá）：古代无领大衣，又指西北少数民族所穿的对襟长袍。

②雕腊：干雕肉。

③单于右臂：汉武帝依靠卫青和霍去病荡平了匈奴的力量，打通河西走廊，设置武威、张掖、敦煌、酒泉等河西四郡，认为这一举措是斩断了匈奴右臂，张汉朝之臂掖。

④黳髯（yī rán）：黑色的胡须。

古塞下曲七首（其七）（《全唐诗》卷八百三十）

贯休①

万战千征地，苍茫古塞门。

阴兵为客祟，恶酒发刀痕。②

风落昆仑石，河崩苜蓿根。③

将军更移帐，日日近西蕃。

【注释】

　　①贯休：唐末著名诗僧。

　　②客祟：外来的伤害人的鬼怪。

　　③昆仑：昆仑山。

作为食物的骆驼

　　骆驼素来以在沙漠中驮运货物而知名，人们送给了它"沙漠之舟"的爱称，可见在浩瀚无边而又缺乏水源的黄沙中，它像是大海上的船只。时至今日，当我们谈论起这种辛苦耐劳的动物的时候，脑海中最先浮现出来的还是它载着人们、驮着货物，穿行于茫茫瀚海里的景象。然而唐代人对骆驼则还有另外一种看法，那就是骆驼同样可以作为食物被加工、烹饪。骆驼的蹄子可以被做成羹，杜甫在《自京赴奉先县咏怀五百字》里写道："劝客驼蹄羹，霜橙压香橘。"蹄子以外，驼峰也是可以吃的部位，杜甫的《丽人行》里有句子曰："紫驼之峰出翠釜，水精之盘行素鳞。"这里写的是权贵家中饮食的场景，紫驼的驼峰从闪耀着翠绿光泽的釜里被盛出来，水晶盘里端来的则是雪白的鱼，单单从这两句的场景描绘中我们后世的读者便似乎能够闻到这种食物的诱人香味，这当然是一种非常华贵的美味珍馐了。边塞诗人岑参在《玉门关盖将军歌》中曾写过："灯前侍婢泻玉壶，金铛乱点野驼酥。"（这句诗里的"驼"字也有写作"酡"字的。) 有学者即认为这里的野驼酥就是用驼峰做就的驼峰炙。敦煌文献中有一首刘长卿写的《高兴歌酒赋二十一首》,里面也写道: "入凝冬,香满室;红地炉,相厌膝。银铛乱点野驼酥,罍罍酒消鱼眼出。"这几句描绘的场景同样也是氤氲着温暖和华丽的气息。而岑参的另外一首诗《酒泉太守席上醉后作》则赋予骆驼一种粗犷豪迈的风格,诗里写道:"琵琶长笛曲相和,羌儿胡雏齐唱歌。浑炙犁牛烹野驼。"这是一幅边塞民族儿女唱歌跳舞,一起大吃烤犁牛和野骆驼的场面。这种吃法的确具有浓厚的边塞风情,与内地用精美餐具盛放驼峰、驼蹄的精致华贵的吃法显出不同的特点来。

段成式的《酉阳杂俎》曾记载了一位名叫曲良翰的将军,说他擅长制作驴鬐、驼峰炙。宋代文献如《册府元龟》中记录了许多边疆地区或者西域诸国向长安进贡驼峰等物的事情,这自然是因为骆驼非中原地区所产,因此最好的骆驼都来自西域。中原地区和长江流域地区对驼峰炙、驼蹄羹的珍重直到宋代亦然。苏轼在《送碧香酒与赵明叔教授》里写道:"不羡紫驼分御食,自遣赤脚沽村酿。"袁桷《内宴》里有句曰:"肯以驼峰专北馔,不须瑶柱诧南烹。"苏轼《次韵孔毅甫集古人句见赠五首》中写道:"紫驼之峰人莫识,杂以鸡豚真可

当唐诗遇上美食 　275

惜。"另外如黄庭坚、秦观等北宋文人也都曾在诗词中描写过这种域外的美味。

唐人诗篇中的骆驼还有一种与酒相伴的形象，如张祜的《雁门太守行》中写道："驼囊泻酒酒一杯，前头啑血心不回。"李贺《许公子郑姬歌》里有句曰："铜驼酒熟烘明胶，古堤大柳烟中翠。"李商隐《镜槛》里写道："传书两行雁，取酒一封驼。"这些诗句写的都是骆驼载酒的事情。

丽人行（《全唐诗》卷二十五）

杜甫

三月三日天气新，长安水边多丽人。①

态浓意远淑且真，肌理细腻骨肉匀。

绣罗衣裳照暮春，蹙金孔雀银麒麟。②

头上何所有？翠微匎叶垂鬓唇。③

背后何所见？珠压腰被稳称身。④

就中云幕椒房亲，赐名大国虢与秦。⑤

紫驼之峰出翠釜，水精之盘行素鳞。

犀箸厌饫久未下，鸾刀缕切空纷纶。

黄门飞鞚不动尘，御厨络绎送八珍。⑥

箫鼓哀吟感鬼神，宾从杂遝实要津。

后来鞍马何逡巡，当轩下马入锦茵。⑦

杨花雪落覆白蘋，青鸟飞去衔红巾。

炙手可热势绝伦，慎莫近前丞相嗔！⑧

【注释】

①三月三日：古代以三月三日作为上巳节，在这一日要去水边修禊，祓除不祥，最初上巳节是在三月第一个巳日，后来逐渐固定于三月初三。

②蹙金孔雀银麒麟：指在衣服上用金线、银线绣出来的孔雀和麒麟。蹙金是一种刺绣工艺。

③翠微㔩叶：翠即翡翠，㔩叶是妇女头上的配饰。鬓唇：鬓边。

④腰衱（jié）：长裙。

⑤椒房：皇后所居宫殿常用花椒涂壁，因花椒有香气而温，故用椒房代称皇后，又泛指后妃居所。云幕：谓铺设的帐幕像云雾。赐名大国虢与秦：杨贵妃有姐姐三人，大姐被封为韩国夫人，三姐被封为虢国夫人，八姐被封为秦国夫人。

⑥黄门飞鞚：黄门是皇帝身边的宦官，鞚是马的勒头。据史书记载，虢国夫人出入宫廷，常用小黄门做驭者。

⑦锦茵：指锦绣的垫子。

⑧丞相：指杨国忠，与杨贵妃为兄妹，因此拜官为丞相。

高兴歌酒赋二十一首(其十八)(《敦煌歌辞总编》)

刘长卿[1]

入凝冬，香满室；红地炉，相厌膝。

银铛乱点野驼酥，罍罍酒消鱼眼出。[2]

户外多应冻栗寒，筵中不若三春日。

【注释】

①本诗作者是否确实无疑是刘长卿，学界今日还有不同的看法。

②罍罍：或认为应该作"累累"，意谓连续不断。鱼眼：酒里的气泡。